配电网架空线路
自动化技术

国网浙江省电力有限公司　组编

中国电力出版社
CHINA ELECTRIC POWER PRESS

内 容 提 要

本书是对国网浙江电力在架空线路配电自动化建设方面所做的多方面探索的展示。全书共分 6 章：第一章概述，介绍配电自动化技术与展望；第二章馈线自动化，主要介绍浙江在用的两种典型馈线自动化技术原理；第三章设备与技术，不仅介绍了浙江省架空线路上主要的自动化设备，还介绍了浙江近年来在自动化方面探索的新技术，包括量子加密、5G 通信、北斗通信等；第四章馈线自动化方案选择，其核心是中压配电自动化建设原则；第五章架空线路故障研判，介绍利用华云四区主站故障自动研判功能，查找相间短路与单相接地范围的步骤，以及人工精准复核的要点；第六章应用实例，主要介绍 5 种新技术应用的实例。

浙江省架空线路配电自动化技术一直在探索与发展中。本书可作为其他省份在架空线路自动化建设技术路线选择时的参考，第五章架空线路故障研判也可以供使用四区华云主站的各省公司一线员工作为参考教材使用。

图书在版编目（CIP）数据

配电网架空线路自动化技术 / 国网浙江省电力有限公司组编 . -- 北京：中国电力出版社，2025. 4. -- ISBN 978-7-5198-9337-8

Ⅰ . TM726.3

中国国家版本馆 CIP 数据核字第 2024V850X9 号

出版发行：中国电力出版社

地　　址：北京市东城区北京站西街 19 号（邮政编码 100005）

网　　址：http：//www.cepp.sgcc.com.cn

责任编辑：穆智勇（010–63412336）

责任校对：黄　蓓　马　宁

装帧设计：赵姗姗

责任印制：石　雷

印　　刷：北京雁林吉兆印刷有限公司

版　　次：2025 年 4 月第一版

印　　次：2025 年 4 月北京第一次印刷

开　　本：710 毫米 ×1000 毫米　16 开本

印　　张：11.75　插页 1

字　　数：209 千字

定　　价：70.00 元

主　　编	王　凯	闵　洁			
副 主 编	刘文灿	秦　政			
编写人员	吴栋萁	刘　帅	刘方洲	章建斌	邬凌云
	徐阳洲	林恺丰	戴舟波	金晔炜	梁轶竣
	王爱玉	王信佳	吴振宇	杨　贺	丁亚东
	蔡婉琪	范春丰	秦其良	杨　涛	陈磊磊
	林　雅	江　灏	李　晋	高旭启	徐　旭
	屠悦琦	陈　威	邱卫卫	刘兴业	汤耀景
	陈　亮	冯　健	韩佳杰	徐　艺	叶炜佳
	王培波	罗　艇			

前 言

　　浙江的配电网架空线路自动化建设之路经历了多个阶段。从杭州和宁波开始国网第一批和第二批配电网自动化建设试点后不久，就开始在中压架空线路上装设故障指示器，至今已经十年有余。浙江虽然地域不广，但是地形复杂，现场查看故障指示器翻牌并不方便，后又开发了监控系统。监控系统存在时间不长，就全面搬迁到了四区华云主站。从 2018 年开始，架空线路开始使用一二次深度融合的智能开关。最开始的技术路线是主干线与分支线全部使用智能开关的级差配合模式。实际使用过程中发现级差时间不足，遂改为分支线首端与变电站出线开关级差配合，主干线改为合闸速断馈线自动化。合闸速断馈线自动化在应用过程中，由于雷击导致的闭锁及其他一些问题无法彻底解决，开始使用集中型馈线自动化。为满足终端接入一区主站的安防要求，开发了 5G 硬切片通信、4G+ 量子加密、北斗通信等一系列新型终端，在架空线路上既实现了集中型馈线自动化，又满足了安防要求。

　　浙江的配电网架空线路自动化建设一直在路上，现阶段主要问题是单相接地故障点的定位，虽然开发了一些新技术，但由于性价比等原因并没有彻底解决该问题。

　　本书不仅是对浙江省架空线路中压配电自动化建设历程的介绍，也希望能抛砖引玉，引出国内同行更多更好的解决策略。

编者

2025 年 3 月

前 言

第一章 概述

第一节 配电自动化技术

一、配电自动化概念

配电自动化（Distribution automation，DA）是具备计算机技术、数据传输、控制技术、现代化设备及管理多项功能的综合信息管理系统，旨在提高供电可靠性，改进电能质量，降低电网运行成本，大大减轻运行人员的劳动强度。

配电自动化技术发展并不是独立的，它受制于同时期电子技术、通信技术、计算机及网络技术、电力设备与系统应用技术的发展水平，是整个电网系统自动化技术发展的有机组成部分，因此不同时期配电自动化的作用也在不断变化和拓展。总体而言，配网自动化发展水平要滞后于同时期的主网自动化，且配电自动化技术在配电网架空线路的应用也明显滞后于配电网电缆线路。随着新型电力系统理念的不断深入，国内对配电网的投资力度正不断加大，这从主、配电网投资占比的此消彼长就能看得出来。在技术方面，很多自动化新技术首先应用在了配电网领域。

二、配电自动化技术发展历程与现状

（一）发达国家配电自动化技术发展历程与现状

发达国家的配电网投资占比一直较高，土地私有制、自负盈亏要求等因素使得城市范围线路的电缆化率不高，因此配电网架空线路和配电网电缆线路的配电自动化技术应用程度大致相当。主要经历了以下 4 个发展阶段，目前正处于第 4 个阶段。

1. 故障隔离自动化阶段

20 世纪 50 年代初期，英国、日本、美国等国家开始使用时限顺序送电装置自动隔离故障区间、恢复非故障区段的供电，从而减少故障停电范围，加快查找馈线故障地点，而此前配电变电站及线路开关设备的操作与控制均采用人工方式。70 ～ 80 年代，开始应用电子及自动控制技术，开发出智能化自动重合器、自动分段器及故障指示器，实现故障点自动隔离及非故障线路的恢复供电，称为馈线自动化（Feeder automation，FA）。馈线自动化方式不具备远程实时监控功能，且仅限于局部馈线故障的自动处理。

2. 系统监控自动化阶段

20 世纪 80 年代，随着计算机及通信技术的发展，形成了包括远程监控、故障自动隔离及恢复供电、电压调控、负荷管理等实时功能在内的 DA 技术。1988 年美国电气与电子工程师协会（Institute of electrical and electronics engineers，IEEE）编辑出版了 DA 教程，标志着 DA 技术趋于成熟，已发展成为一项独立的电力自动化技术。这一阶段，称为系统监控自动化阶段。

3. 综合自动化阶段

20 世纪 90 年代开始，地理信息系统（Geographic information science，GIS）技术有了很大发展，开始应用于配电网的管理，形成了离线的自动绘图及设备管理（AM/FM）系统、停电管理系统等，并逐步实现了管理的离线信息与实时监控信息的集成，进入了配电网监控与管理综合自动化阶段。

4. 高级自动化阶段

随着智能电网的兴起，DA 的功能与技术内容都随之出现革命性的变化，高级配电自动化（Advanced distribution automation，ADA）应运而生，成为 DA 发展的新方向。ADA 的概念最早由美国电力科学研究院（Electric power research institute，EPRI）在其"智能电网体系"（Intelligrid architecture）研究报告中提出，其功能与技术的特点主要是：满足有源配电网运行监控与管理的需要，充分发挥分布式电源的作用，优化配电网的运行；提供丰富的配电网实时仿真分析和运行控制与管理辅助决策工具，具备包括配电网自愈控制、经济运行、电压无功优化在内的各种高级应用功能；支持在智能终端上完成的基于本地测量信息的就地控制应用和基于相关终端之间对等交换实时数据的分布式智能控制应用，为各种配电网自动化及保护与控制应用提供统一的支撑平台，优化自动化系统的结构与性能；采用标准的信息交换模型与通信规约，支持自动化设备与系统的即插即用，解决"自动化孤岛"问题，实现软硬件资源的高度共享。

（二）我国配电自动化技术发展历程与现状

由于历史原因，我国配电自动化技术起步较晚，20世纪90年代后期才开始配电自动化试点工作。由于当时对配电自动化认识不到位、配电网架和设备不完善、技术和产品不成熟、管理措施跟不上等原因，许多早期建设的配电自动化系统没有发挥应有的作用，但为下一步工作的开展打下了基础，且后发优势让国内配电网自动化技术发展少走了很多弯路。总体而言，国内配电网自动化技术发展有自己的鲜明特点。

（1）不同地区配电自动化发展水平参差不齐，差异较大，"四代同堂"的情况并不少见。京津冀及沿海发达地区已经发展到了第四级的高级自动化阶段，内陆部分省份从自身经济实力、人员技术水平及实用角度考虑，配电自动化技术应用仍处于第一和第二阶段。

（2）配电网电缆线路自动化水平明显高于配电网架空线路。电缆线路造价昂贵，主要用于城镇等人口密集、对供电可靠性要求较高的区域，必须依靠配电自动化技术才能达到相应的性能指标要求；反过来对电缆线路的配电自动化投资也能得到很好的经济效益和社会效益回报。此外城镇地区良好的光纤通信资源条件也是各项配电自动化功能得以广泛应用的重要原因。配电网架空线路数量多、线路长、分支线多、所经地区通信资源相对匮乏，导致配电网自动化改造成本较高。目前除个别省份外，全国范围内配电网架空线路的"三遥"覆盖率相对较低，且只用于主干线，大部分线路仍以"二遥"型故障指示器为主。

（3）电网自动化新技术的应用遵循先主网再配电网的原则，很多自动化新技术都是先在主网普及后，才开始在配电网应用。这样做的原因是主网对线路运行的安全性、可靠性要求更高。

我国配电自动化技术起步于20世纪90年代，发展至今主要经历了以下3个阶段：

（1）第一阶段是隔离故障阶段。这一阶段使用就地型自动切换装置，当线路发生故障时，开关设备通过自动断开/重合及相互间极差配合，实现故障隔离和无故障区域恢复供电。整个过程中不需要建立通信连接和远程分析判别发令，因此这个阶段的自动化程度相对较低，它只在发生故障时充当隔离故障，而不能用于配电网络系统的正常运行。它起监控作用，无法优化运行模式。同时，由于在隔离故障期间需要多次重新闭合开关设备，因此设备的使用寿命受到很大影响。另外，当配电网运行模式改变时，需要现场修改设定值，并且在非故障区域恢复供电时难以采取最佳措施。

（2）第二阶段是基于馈线终端单元（Feeder terminal unit，FTU）、通信传输网络和计算机主站背景的配电自动化系统阶段。在这一阶段，当配电网络系统正常运行时，配电自动化系统可以实时监控配电网络，操作状态具有通过遥控改变操作模式的功能；当配电网发生故障时，可以及时发现故障，调度员发出命令隔离故障并远程恢复非故障区域的电源。

（3）第三阶段伴随着计算机技术的发展，它与配电自动化第二阶段的最大区别在于增加了自动控制功能，当故障发生时，由计算机系统自动完成故障隔离和实现其他功能。该阶段的配电自动化系统构成了集成配电网数据采集与监视控制（Supervisory control and data acquisition，SCADA）系统、需求侧管理（Demand side management，DSM）、地理信息系统、调度员模拟调度、工作票管理和故障呼叫服务系统的集成系统。

第二节　配电自动化展望

馈线自动化（FA）是配电自动化系统的基本功能，能够与保护配合实现故障自愈，包括集中式与就地式两种模式。集中式 FA 由主站集中研判，对通信要求高，在极端天气导致通信中断或主站异常时可能失效；就地式 FA 依靠开关就地配合，不依赖主站和通信。配电自动化建设初期，由于线路分段采用负荷开关，就地式 FA 应用电压—时间型逻辑，"失压分闸、来电延时合闸"，存在参数配置复杂、开关动作次数多、停电时间长等问题。2018 年以来，全国规模化应用一二次融合断路器，具备完善的保护功能，可实现短路故障、接地故障的就地保护处置。目前，部分地区推广线路分级保护，短路故障三级保护、接地故障五级保护，有效减少了故障停电范围。在馈线自动化方面，以集中式为主，电压—时间型就地式 FA 已逐步退出运行，故障自愈高度依赖主站和通信，存在突发状况下无法可靠隔离转供的风险。郑州特大洪涝灾害，暴露了集中式 FA 依赖主站与通信，应对极端天气时能力弱的问题。因此，亟须深入研究就地式 FA 模式，优化现有 FA 配合策略，发挥就地式 FA 模式可靠性高的优势，进一步提升故障处置能力。

同时，随着云大物移智链等新技术不断发展，以"数字化、网络化、智能化"为特征的新一代技术日益创新突破，推动着全社会进入数字化时代。"十四五"规划纲要"加快数字化发展，建设数字中国"对加快数字中国建设进程作出了明确部署。随着碳达峰碳中和（简称"双碳"）进程加快与能源转型深入推进，传统电力系统正在向清洁低碳、安全可控、灵活高效、开放互动、智能友好的新型电力系统演进。国家电网有限公司、中国南方电网有限责任公司相继推出了《"碳达峰、碳中和"行动方案》《数字电网推动构建以能源主体的新型电力系统白皮书》等指导方案。国家电有限公司牵头组建了"新型电力系统技术创新联盟"，加速推进新型电力系统建设。能源革命和数字革命相融并进，以可持续发展的能源节约型社会为目标，以高渗透率的可再生能源、高比例的电力电子设备、高增长的直流负荷（三高）为主要特征的新型电力系统正在加速建设。配电网将逐步向供需互动的有源网络过渡，导致网架结构与功能形态发生复杂深刻变化，对配电网的安全、效率、智能化、开放性、低碳化等方面带来诸多新挑战。

2021 年 6 月 20 日，国家能源局下发国能综通新能〔2021〕24 号《关于报送整县（市、区）屋顶分布式光伏开发试点方案的通知》，要在全国组织开展整县屋顶光伏开发试点工作，国家电网有限公司也印发了《关于支撑整县屋顶分布式光伏开发试点工作方案的通知》。

国内外运行经验表明，分布式电源大规模接入后，传统配电网运行与保护控制面临全新技术挑战，在系统频率与电压扰动时电源穿越能力不足，易造成分布式电源大面积脱网，对系统稳定运行构成威胁。延长防孤岛保护动作时限延长，虽然可以提高分布式电源的电压、频率扰动穿越能力，但会给配电线路故障的重合闸及母线失压备用电源自动投入（简称备自投）等带来无法容忍的延迟，严重影响供电可靠性。未来需要研究可再生能源大规模接入条件下的配电网故障隔离与供电恢复技术；研究故障恢复供电过程中分布式电源如何并网运行，解决因备供电源容量不足负荷恢复率低的问题；考虑故障区段内外分布式电源差异化动作要求的区域快速保护方法，以及基于故障时刻断面潮流分布的健全区域网络动态划分及最优供电恢复技术。开展高比例可再生能源接入配电网保护（含出线、分段、分支、分界、分布式电源涉网保护）技术架构研究，实现分布式电源就地型涉网保护、区域快速保护与配电网侧保护的协同，以及考虑分布式电源参与条件下的供电恢复；研究就地型涉网保护及配电装置、基于通信的区域快速保护控制一体化分布式终端的即插即用、拓扑识别和信息安全方法。

第二章 馈线自动化

第一节　概述

馈线自动化 FA（Feeder automation，FA）指利用自动化装置或系统，监视配电网的运行状况，及时发现配电网故障，进行故障定位、隔离和恢复对非故障区域的供电。

截止到 2021 年底，国网浙江省电力有限公司在配电网自动化方面的总体思路是馈线自动化与继电保护相配合的方式实现配电网故障定位、隔离及恢复供电。

对于电缆线路的故障处理，应采用集中型馈线自动化与开关站/环网室/环网单元（以下简称开关站）出线电流保护配合方式。主线开关站配置"三遥"终端设备，开关站出线配置过流保护。开关站出线发生故障时由开关站出线电流保护动作切除，不影响主干线运行；主干线发生故障时由变电站出线开关保护切除故障，然后由集中型馈线自动化完成故障定位隔离及非故障区域恢复供电。

对于供电可靠性有特殊要求的电缆线路的故障处理，可采用智能分布式馈线自动化或光纤差动保护方式。开关站所有间隔均应采用断路器，电缆线路发生故障时由智能分布式馈线自动化或光纤差动保护实现故障的快速定位隔离及非故障区域恢复供电。

对于架空线路的故障处理，主干线开关已完成"三遥"改造，则主干线可以采用集中型馈线自动化，主干线开关具备合闸速断馈线自动化功能，则采用主干线合闸速断式馈线自动化与分支线电流保护配合方式。（即主干线开关投入合闸速断式馈线自动化功能，分支线开关投入过流保护与重合闸）。分支线发生故障时由分支线保护完成故障处理，不影响主干线运行；主干线发生故障时由变电站出线开关保护切除故障，然后由集中型馈线自动化或合闸速断式馈线自动化完成故障定位、故障隔离及非故障区域恢复供电。

对于架空线路的故障处理，也可采用继电保护级差配合方式。在能够与变电站出线保护实现时间级差配合的条件下，可根据实际情况选择实现变电出线保护、分段保护、大/小分支线保护及配电变压器（简称配变）保护的级差配合，以实现故障点的分段隔离。时间级差按 0.15～0.3s 考虑，对于现阶段应用的智能开关，若需实现多级级差配合，时间级差可采用 0.1s，但存在失配可能性。

第二节　集中型馈线自动化

以电缆线路为例，集中型馈线自动化动作逻辑如下：

（1）线路正常供电时，主接线如图 2-1 所示。

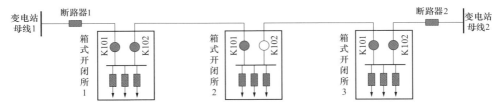

图 2-1　线路正常供电时主接线示意图

（2）F1 点发生故障，变电站出线断路器 1 检测到线路故障，保护动作跳闸，环网柜 1 的 K101、K102 配电终端上送过流信息，如图 2-2 所示。

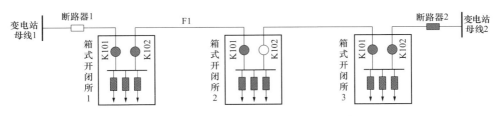

图 2-2　F1 点发生故障后集中型馈线自动化动作流程

（3）配电主站收到出线断路器 1 开关变位及事故信号后，判断满足启动条件，开始收集信号。

（4）信号收集完毕，配电主站启动故障分析，根据各终端上送的过流信息，定位故障点在环网柜 1 与环网柜 2 之间，并生成相应处理策略。

（5）主站发出遥控分闸指令，环网柜 1 的 K102 与环网柜 2 的 K101 开关分闸，将故障区段隔离，如图 2-3 所示。

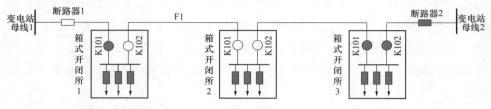

图 2-3　主站发出遥控分闸指令后集中型馈线自动化动作流程

（6）隔离成功后，主站发出遥控合闸指令，遥控合闸出线断路器 1 实现电源侧非故障停电区域恢复供电，如图 2-4 所示。

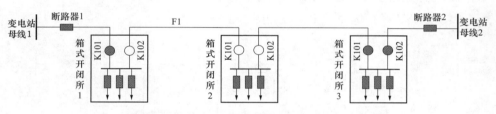

图 2-4　隔离成功后集中型馈线自动化动作流程

（7）遥控合闸环网柜 2 的 K102 联络开关，实现负荷侧非故障停电区域恢复供电，如图 2-5 所示。记录本次故障处理的全部过程信息，完成本次故障处理。

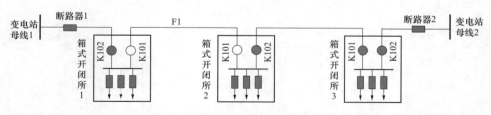

图 2-5　完成故障处理的集中型馈线自动化动作流程

第三节　合闸速断馈线自动化

合闸速断馈线自动化通过主线分段开关配置失压分闸、得电合闸及得电合闸后短时开放过流保护，联络开关经延时自动转供及相应闭锁逻辑，实现故障区域隔离、非故障区域自动恢复供电。遇不同类型故障时，动作逻辑也有所不同，具体如下。

一、瞬时性故障

如图 2-6（a）所示，当主干线分段开关 B 与 C 之间发生瞬时性故障时，动作逻辑如下：

（1）变电站内 10kV 开关 S1 过流保护动作跳闸，如图 2-6（b）所示。同时联络开关 D 单侧失压，进入 XL 时限延时合闸动作逻辑。

（2）由于线路失电，分段开关 A、B、C 检双侧失压，经 Z 时限后自动分闸，如图 2-6（c）所示。

（3）变电站内 10kV 开关 S1 经站内重合闸延时后合闸，分段开关 A、B、C 依次检测到线路有压，经 X 时限后合闸，如图 2-6（d）所示，合闸后的 Y 时限内开放本开关瞬时过流保护。联络开关 D 退出 X 时限延时合闸动作逻辑。

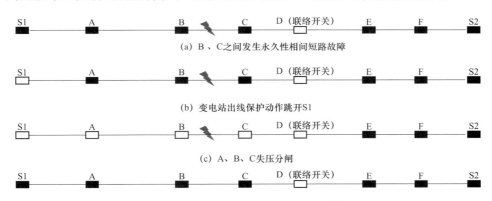

(a) B、C之间发生永久性相间短路故障

(b) 变电站出线保护动作跳开S1

(c) A、B、C失压分闸

(d) S1重合闸，A、B、C先后因来压合闸

图 2-6　瞬时性故障动作逻辑图

二、永久性故障

如图 2-7（a）所示，当主干线分段开关 B 与 C 之间发生永久性故障时，动作逻辑如下：

（1）变电站内 10kV 开关 S1 过流保护动作跳闸，如图 2-7（b）所示。同时联络开关 D 单侧失压，进入 XL 时限延时合闸动作逻辑。

（2）由于线路失电，分段开关 A、B、C 检双侧失压，经 Z 时限后自动分闸，如图 2-7（c）所示。

（3）变电站内 10kV 开关 S1 经站内重合闸延时后合闸，分段开关 A、B 依次检测到线路有压，经 X 时限后合闸，如图 2-7（d）所示。合闸后的 Y 时限内开放本开关瞬时过流保护。

（4）当分段开关 B 合闸时，重合于故障，分段开关 B 在 Y 时限内瞬时过流保护动作，再次跳开本开关。分段开关 C 由于检测到开关 B 合闸时的瞬时残压将闭锁本开关合闸，如图 2-7（e）所示。

（5）经过 XL 时限后，联络开关 D 单侧失压合闸，恢复非故障区域供电，如图 2-7（f）所示。

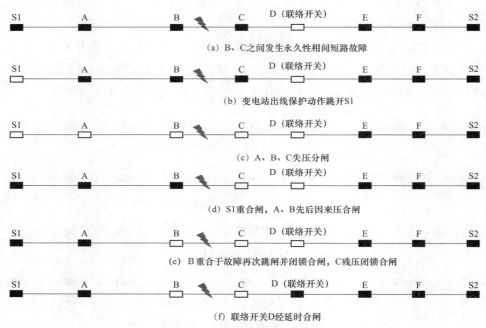

图 2-7　永久性故障动作逻辑图

需要注意的是，图 2-7（e）中，如果分段开关 C 检测不到残压，则不会闭锁。发生这种情况时，在联络开关 D 合闸后，经 X 延时后，分段开关 C 合闸，重合于故障，分段开关 C 在 Y 时限内瞬时过流 保护动作，跳开本开关，实现闭锁。

定值配置：主线分段开关过流保护退出，原过流保护的速断和过流时间定值项设置 0s 和 0.15s，应当做到得电合闸后短时开放过流保护定值，先于站内后加速保护跳闸；得电合闸时间 X=5s，失电分闸时间 Z=0.5s，短时开放过流保护延时 Y=3s（合闸后 3s 内开放过流保护，探测是否仍存在故障），联络开关延时合闸时间 XL=20+ 最大值［个数（线路 S1 上主线开关数量 A、B、C）×5，个数（线路 S2 上主线开关数量 E、F）×5］s，一般设置 30 ～ 45s。

第三章
设备与技术

第一节　智能开关

　　智能开关属于一二次融合成套设备，是配电一次设备与自动化终端采用成套化设计制造而成。柱上断路器全面集成配电终端、电流传感器、电压传感器、电能双向采集模块等，采用标准化接口和一体化设计。配电终端具备可互换性，便于现场运维检修。

　　下面以常用的一款智能开关为例来进行介绍。

一、结构

　　智能开关一般分为本体和终端两个部分。

　　（一）本体

　　智能开关本体如图 3-1 所示，从外观上看是由上进线臂、断路器固封极柱、下出线臂、隔离开关、隔离开关操作手柄、分合闸手柄、储能手柄、重合闸投切装置、航空连接器，以及一些状态指针等构成。智能开关本体内部还包含融合了真空灭弧室、电压传感器、电流传感器、取电 TV、弹簧机构和联动控制器等。

　　上进线臂连接电源侧，下出线臂连接负荷侧，即隔离开关应位于负荷侧。

　　分合闸手柄与"就地 / 远程"联动控制。在现场维护时，下拉开关分闸手柄，可以转向"就地"位置，可切断电气合闸功能；断路器在"就地"状态时下拉合闸手柄，转向"远方"就可以解除就地联锁，让断路器正常运行或远程联调。

　　开关合闸需要在储能状态指针指向"已储能"位置时方可进行合闸操作。开关分闸则对储能没有要求。当智能开关终端和本体正常连接，并启动控制终端，就会对本体的储能装置进行自动储能。如果本体和终端未连接或终端未启动，就需要用手动储能手柄进行手动储能。上下拉动储能手柄，使储能状态指针转向"已储能"，说明储能到位。

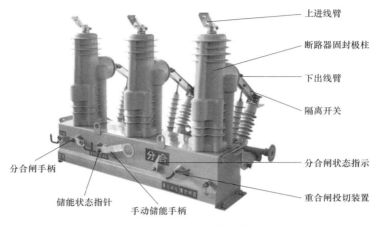

上进线臂
断路器固封极柱
下出线臂
隔离开关
分合闸状态指示
重合闸投切装置

分合闸手柄
储能状态指针
手动储能手柄

图 3-1　智能开关本体

分合闸状态指针用于指示开关一次设备的状态。

这里的重合闸投切装置是重合闸硬压板。智能开关重合闸功能开启条件除了重合闸硬压板，还受到终端内部程序的软压板参数影响，需硬压板、软压板二者同时启用，重合闸功能才会正常启用，其中任意一项退出都会使重合闸功能退出。现场维护安装时，重合闸投切装置切换到退出状态，就可以保证重合闸功能退出。

电压和电流遥测不使用电压互感器和电流互感器，采用的是传感器，所以在外观上看不到电压互感器和电流互感器。传感器使用一体化固封结构。

（二）终端

智能开关终端如图 3-2 所示，由太阳能板、机箱、GPRS 天线、终端固定安装板、状态指示灯、电源开关、航空插头、硬压板等构成。

终端硬压板开关共三档，从左到右分别是"硬压板投"代表遥控投入及硬压板投入，"遥控退出"代表遥控退出和硬压板投入，"硬压板退"代表遥控退出和硬压板退出。通常状态下，硬压板会切换到"遥控退出"状态，即可正常启用过流保护。如果不需要启用过流保护功能，可将硬压板切换到"硬压板退"状态。

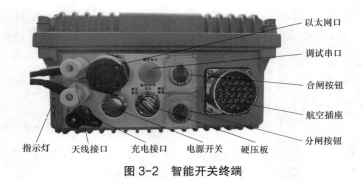

图 3-2　智能开关终端

（三）智能开关本体与终端连接

终端和本体依靠航空连接器连接并通信，如图 3–3 所示。终端通过 GPRS 天线与主站通信。终端取电有两种方式：①太阳能板取电；②开关本体内有取电 TV，通过航空连接器把电能输送给终端。

图 3-3　智能开关本体与终端连接关系图

二、功能

目前常见功能配置有以下几种：

（1）重合闸功能：分支线路及线路末端重合功能。

（2）定值管理：①远方重合闸投退；②远方定值设置；③保护定值自动切换功能。

（3）故障选择性保护：①短路故障选择性保护；②接地故障选择性保护。

（4）开关三遥：①查看遥测值；②查看遥信值；③进行开关分合（可选，软硬压板控制）。

（5）故障研判功能：①短路故障研判；②接地故障研判。

（6）故障及动作类型上报：①上报短路故障动作；②上报接地故障动作；③上报遥控分、合闸动作；④上报手动分、合闸动作。

（7）微机保护功能：①过流保护；②速断保护；③涌流保护；④过压保护；⑤接地保护。

（8）线损采集功能：电能计量功能、实时量测量功能、计量数据冻结功能。

第二节 故障指示器

故障指示器全称是配电线路故障指示器（Distribution line fault indicator, DLFI），简称故指，是由采集单元和汇集单元组成，安装在配电线路上，用于监测线路负荷状况、检测线路故障，故障时可通过就地闪灯和翻牌指示故障，并具有数据远传功能的设备。运维人员可以根据故障指示器的报警信号迅速定位故障，大大缩短了故障查找时间，为快速排除故障和恢复供电提供有力保障。故障指示器属于二遥基本型 FTU。

故障指示器按照适用线路类型可以分为架空型与电缆型两类；按照是否具备远程通信能力分为远传型与就地型两类；根据对单相接地故障检测原理的不同分为外施信号型、暂态特征型、暂态录波型和稳态特征型四类。

基于上述不同的分类维度，配电线路故障指示器总计分为九类，即架空外施信号型远传故障指示器、架空暂态特征型远传故障指示器、架空暂态录波型远传故障指示器、架空外施信号型就地故障指示器、架空暂态特征型就地故障指示器、电缆外施信号型远传故障指示器、电缆稳态特征型远传故障指示器、电缆外施信号型就地故障指示器、电缆稳态特征型就地故障指示器。截止到2022 年底，浙江配电网运行中的架空型故障指示器以架空暂态特征型远传故障指示器为主。

下面以某个常用的架空远传型故障指示器为例来进行介绍。

一、结构

故障指示器的采集单元又称为采集器，三个一组，分为 A、B、C 三相，安装在架空线路上，如图 3-4（a）所示；汇集单元又称为终端，安装在电杆上，如图 3-4（b）所示。

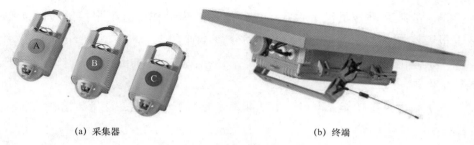

（a）采集器　　　　　　　　　　　　　　（b）终端

图 3-4　故障指示器结构图

采集器由告警灯及显示体、电缆压簧、开口导磁轴、后备电源、主程序模块、旋转体等构成。旋转体位于指示器最下方，当故障指示器发生故障告警时，采集器的旋转体会旋转，将红色显示体和告警灯露出，起到翻牌告警的效果。电缆压簧夹住架空线路的导线，起到固定采集器的作用。开口导磁轴在采集器最上方，起到采集遥测数据和取电的作用。具体结构如图 3-5 所示。

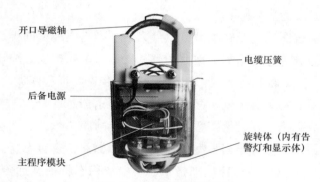

图 3-5　采集器具体结构图

终端结构如图 3-6 所示，从外部可以看到太阳能板、固定架、电源开关、通用分组无线服务技术（General packet radio service，GPRS）天线、射频（Radio frequency，RF）天线、指示灯，内部则有电池、GPRS 通信模块、RF 通信模块、加密模块、主程序模块等。故障指示器终端与采集器通信的功能主要依靠终端内部 RF 模块实现，外部 RF 天线用于增强 RF 通信信号；终端依靠内部 GPRS 模块来实现与Ⅳ区主站的通信，外部 GPRS 天线用于增强通信信号；终端主要依靠太阳能和大容量充电电池相配合方式供电。

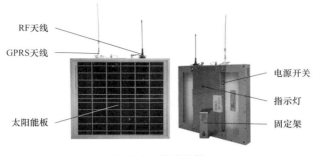

RF天线
GPRS天线
电源开关
指示灯
太阳能板
固定架

图3-6　终端结构

二、功能

采集器挂在架空线路上，实时监测配电网线路三相负荷电流、故障电流等数据，对数据进行加工处理、研判故障类型并就地进行故障告警（翻牌及闪光），并通过无线通信与汇集单元连接。汇集单元具备与主站数据库的双向通信功能，将采集的数据、故障信息上传，主站可远程升级汇集单元程序和调整汇集、采集单元的参数。

主要功能如下：

（1）短路故障判断：采用标准的速断、过流两段式电流保护定值法。参数可在线调整，可防止涌流和反馈送电误动，并确保与开关出口动作一致。

（2）接地故障判断：采用多个判据的暂态特征进行综合研判。

（3）遥测：遥测线路的正常负荷电流和故障突变电流。

（4）远程参数设置：远程整定采集单元的动作参数和远程修改汇集单元参数。

第三节　无线通信

一、总体架构

通信网按层级分为骨干网和接入网，各级通信网互联互通，形成以"光纤通信为主、无线通信为辅"的通信传输网络。截至 2020 年底，骨干网方面，国网浙江省电力有限公司已采用光纤形式覆盖公司 4249 个生产及办公场所（其中主网变电站 2458 座）。接入网方面，采用有线与无线并用的通信方式。根据国家电网有限公司"十四五"通信网规划，终端接入网采用远程通信接入网和本地通信接入网两级架构，业内主要通信接入技术在浙江都有应用。

1. 远程通信接入技术

远程通信接入方式主要包括以太网无源光网络（Ethernet passive optical network，EPON）、工业以太网和中压载波等电力有线专网、基于230MHz/1.8GHz 的电力无线专网、基于 4G/5G 的无线公网（又称电力无线虚拟专网）及卫星通信等。

在电力有线专网方面，EPON 适用于可铺设光缆且对安全、可靠性有严格要求的业务；对于已预埋光缆、与主网架同步建设光缆的情况，也建议采用 EPON 技术进行业务承载。工业以太网适用于节点较多、通信距离较长的业务场景。另外，中压载波主要应用于 10kV 配电网，适合实时性、并发性要求不敏感的场合使用，可作为光纤网络的末端补充和延伸。

在电力无线专网方面，浙江嘉兴已建设 230MHz 频段基站 88 座、微基站 12 座、核心网及系统 2 套，并配套基站回传网及相应光缆线路，实现了嘉兴区域三区五县 3915km² 230MHz 无线专网的全覆盖。目前已接入用电信息采集、配变监测等 12 类业务终端 12838 个，是国家电网有限公司范围内网络和业务规模最大的 230MHz 无线专网。目前 230MHz 无线专网已暂停建设，但已建成网络仍可用于实现嘉兴范围内各类终端的安全接入需求。国网江苏省电力有限公司在 2018 年基本建成全省覆盖的 1.8GHz 无线专网，现已接入用电信息采集等终端 3 万余个、精准负控终端 46 个。国网浙江省电力有限公司在 500kV 涌潮变、500kV 天柱变等 10 个变电站开展了 1.8GHz 无线专网建设试点，用于承载站内机器人巡检、监控数据采集等业务。但因涉及频谱授权问题，浙江目前尚不具备大规模发展 1.8GHz 无线专网的条件。

在无线公网方面，国网浙江省电力有限公司自 2015 年起利用三大运营商的 4G 公网来承载用电信息采集、移动作业等管理信息大区业务和配电自动化等生产控制大区业务。运营商采用专用的物联网卡及"APN+VPN"或 VPDN 技术实现无线虚拟专用通道。无线公网为租用网络，可以在基站覆盖范围内实现全覆盖，是目前主要的无线通信方式。另外，窄带物联网（Narrow band internet of things，NB-IoT）是运营商主推的低功率无线网络（Low power wide area network，LPWAN）技术，聚焦于低功耗广覆盖场景，适用于带宽需求低、安全可靠性要求低的业务，目前有局部试点，在配电自动化（"二遥"）、机房动环监测等场景有一定发展空间。2G/3G 正在逐步退网，后续不会再有增量业务。

在 5G 电力虚拟专网方面，2020 年国网浙江省电力有限公司依托百万秒级可中断负荷项目初步完成了 5G 电力虚拟专网的建设，实现了电力 5G 核心网用户面下沉，实现对全省 720 个终端的秒级可中断负荷控制终端接入。相比于 4G 网络，5G 通信技术定义了增强移动宽带（Enhanced Mobile Broadband，eMBB）、超高可靠与低时延通信（ultra-reliable & low-latency communication，uRLLC）和大规模机器类型通信（Massive Machine Type Communication，mMTC）三大典型应用场景，能够契合电网在采集类、控制类、视频类业务的应用需求，网络切片技术更能为电网业务提供定制化服务，在安全性、可靠性、实时性方面都得到了显著提升，可替代光纤承载部分对安全、延时有较高要求的业务，是未来承载高弹性电网各类业务无线接入的主要演进方向。

在卫星通信网络方面，2020 年国网浙江省电力有限公司已完成 40 个北斗地基增强网基站的建设及网络调试。对于不具备光纤覆盖及无线信号覆盖区域，这是一种有效的辅助接入手段。另外随着低轨道同步卫星通信技术和 6G 技术发展，卫星通信也可能成为未来通信技术的重要演进方向，目前国家电网有限公司租赁中星 6A 卫星（一种同步地球轨道 Ku 卫星）30M 通信频段用于应急通信使用，可实现受灾地区救援指挥、实时语音和视频回传。

远程通信方式主要技术指标如表 3-1 所示。

表 3-1　　　　　　　　　远程通信方式主要技术指标

通信方式	EPON	工业以太网	中压载波	无线公网（4G）	无线公网（5G）	卫星通信
覆盖距离	< 20km	< 20km	架空线缆< 10km 地埋电缆< 2km	运营商基站覆盖范围	运营商基站覆盖范围	全域
带宽（bit/s）	1.25G	100～1000M	1M	100M	1G	—
时延	< 1.5ms	< 10ms	30～300ms	98～600ms	1～20ms	秒级
可靠性	强	强	弱	较弱	强	中
安全性	强	强	弱	中	强	中

续表

通信方式	EPON	工业以太网	中压载波	无线公网（4G）	无线公网（5G）	卫星通信
适用业务	大带宽业务，高可靠、低延时业务	大带宽业务，高可靠、低延时业务	用电信息采集等对延时要求不高的业务	用电信息采集，在线视频监控类业务	适用大多数业务，包括控制类、移动类业务	应急通信业务，低速率回传
适用场景	适应多数环境	适应多数环境	适用在无专网覆盖地区	适用于光纤专网敷设不经济并对通信延时要求不高场景	适用于光纤专网敷设不经济但对通信有较高要求的场景	用于应急通信，无光纤及无线信号覆盖区域

2. 本地通信接入技术

本地通信接入方式主要解决"最后一公里"终端接入问题，包括 RS-485、电力线载波通信、短距离无线通信、低功耗长距离无线通信、电力线载波与无线双模通信等。

RS-485 适用于大部分数据采集、环境监测等场景，如输电线路/变电站/配电房设备状态监测、用电数据/综合能源服务数据采集等，但存在额外布线、不利于后期施工维护等问题。

电力线载波通信 PLC（Power line communication，PLC），根据工作频率及速率的不同，主要包括低压窄带电力线载波通信（Narrow band power line communication，NBPLC）和低压高速电力线载波通信（High-speed power line communication，HPLC）。PLC 广泛应用于用电信息采集、低压配电网运行及环境状态采集等采集类业务，不适用于无源或用电环境干扰大应用场景。由于低压窄带电力线载波通信技术通信速率过低，新建用电信息采集基本采用低压高速电力线载波通信技术。

短距离无线通信主要包括单跳通信距离小于 500m 的国网小无线、WiFi、Zigbee、低功耗蓝牙、智能无线网络（Wireless smart utility network，Wi-SUN）等技术。国网小无线主要应用于用电信息采集，国网浙江电力目前利用国网小无线已部署 37 万采集点，占总采集点 1.25%。由于国网小无线传输距离较短，传输速率较低，单一的国网小无线技术已不再应用。WiFi、5.8 LTE-U 技术主要应用于变电站、配电房、仓库、智慧园区等场景，实现区域范围内机器人、智能叉车、摄像头等终端接入。国网浙江电力目前本地移动大带宽应用以 WiFi 为主，但 WiFi 存在安全性差、覆盖距离短、多 AP 之间切换延时等问题，随着 5.8G LTE-U 技术和产业链成熟，预计会存在两种技术并存情况。Zigbee、低功耗蓝牙等技术在电网中应用较少。

低功耗长距离无线通信（LoRa）具有通信距离长、功耗低、网络容量大特点，是近年来最受关注的本地通信技术之一，在变电站、低压配电网、机房等环境监测具有较大的发展空间。国网江苏电力的配电房辅控系统采用 LoRa 技术实现了本地环境、安防等监测和数据采集，现已实现 2 万多个配电房的信息接入。国网浙江电力在 500kV 涌潮变电站也有相应的试点应用。

电力线载波与无线双模通信主要有低压高速电力线载波通信与国网小无线双模、低压高速电力线载波通信与高速微功率无线（High radio frequency，HRF）双模两种。设备可以根据自身需求和所处的网络环境自主选择通信方式，提高通信的稳定性和可靠性，是当前公认的、最有应用前景的本地通信技术。然而，由于双模通信集成了两个通信模块，设备成本有所上升，在两种通信方式的深度融合和协同通信技术上仍有待提高。国网浙江电力开展了一些双模技术的试点应用，包括用电采集场景的能源控制器、配电场景的智能融合终端，目前尚未规模化推广。

本地通信方式主要技术指标如表 3-2 所示。

二、5G 电力虚拟专网

（一）运营商 5G 网络建设现状

截至 2022 年 3 月底，中国移动主要基于 2.6GHz、700MHz 频段开展 5G SA 网络建设，在浙江省已开通近 7 万个基站，实现了浙江百强城镇覆盖。中国联通和中国电信主要采用共建共享模式基于 3.5GHz 频段开展 5G SA 网络建设，在浙江省已开通近 4.8 万个基站，其中 2.6GHz 基站数目 5.7 万站，700MHz 基站数目 1.3 万站。未来几年三大运营商将继续向乡村推进 5G 建设，预计到 2025 年浙江省 5G 基站数目将达到 20 万站。另外在网络切片能力建设方面，三大运营商在承载网部分仍未完成建设，同时由于 5G 标准尚在演进过程中，网络切片能力开放和运营模式也还在推进过程中。随着运营商 5G 网络建设的日趋成

表3-2　本地通信方式主要技术指标

通信方式	RS-485	窄带载波	宽带载波	Wi-SUN RF	5.8G LTE-U	国网小无线	LoRa	电力线载波与无线双模
覆盖距离	点对点通信1200m	点对点单跳500m，组网2km	点对点单跳300m，组网2km	点对点单跳300～500m，组网3km	空旷环境1km	点对点单跳300m，组网2km	城市环境：2～3km；郊区环境：>10km	点对点单跳300m，组网2km
频率范围	—	9～500kHz	0.7～3MHz	920MHz频段	5725～5850MHz	433～868MHz/2.4GHz	470MHz、2.4GHz等非授权频段	9～500kHz；470～486MHz
带宽（bit/s）	1200～1M	1k	1M	150k	>100M	10～100k	<37.5k	100k
时延	百毫秒级	秒级	毫秒级	毫秒级	毫秒级	毫秒级	秒级	毫秒级
可靠性	强	较弱	较强	强	强	较弱	较强	较强
安全性	较弱	较弱	较弱	较强	强	弱	弱	弱
抗干扰	强	最弱	较弱	较强	较强	较强	较强	较强
适用业务	高频度信息采集、实时费控	低频度信息采集	高频度信息采集，支持大容量台区、实时费控	高频度信息采集，支持大容量台区、实时费控、低压延伸接入等	移动作业、大带宽业务	中频度信息采集、实时费控、四表采集等	适用于低压配电网等环境状态采集传输数据量较小的业务	高频度信息采集、实时费控、多表数据采集等
适用场景	适应多数本地数据采集环境	适应多数环境	适应多数环境	适应多数环境	适用于局域环境	适应多数环境	穿透能力强，可用于楼梯间等半遮挡环境中	适应多数环境

熟，由无线公网和电力专网共同构建的 5G 电力虚拟专网将为电力业务的广泛灵活可靠接入提供有效的手段。网络切片技术是 5G 通信技术体系中最为关键的技术之一，是通信网络的一次重大变革，可以让运营商在统一的基础设施上分离出多个虚拟的端到端网络，实现业务之间的逻辑隔离甚至是物理隔离，配合 5G 技术低延时高可靠的技术特性，为电网各类业务特别是生产控制类业务提供了一种全新的接入手段。采用 5G 网络切片技术，建成面向生产控制大区、管理信息大区和互联网大区业务，覆盖电力生产各领域的可靠高效 5G 电力虚拟专网将成为浙江电力未来无线网络建设重点探索的领域。

（二）5G 电力虚拟专网整体架构

5G 电力虚拟专网整体架构包括无线公网（无线、承载、核心网、运营管理平台）和电力专网（电力专用核心网网元、电力内部网络、电力专网综合管理平台、主子站业务系统等），其中：

（1）无线、承载、核心网、运营管理平台原则上均由运营商负责建设，并向电力用户提供相应网络切片服务。

（2）电力内部网络、电力专网综合管理平台、主子站业务系统等由电力企业负责建设。

（3）针对电力专用核心网，目前由运营商建设、运维，以服务租赁形式提供给电力企业使用。后期建议由电力企业负责建设、运营商代为运维。

5G 可通过切片技术，将网络分成三大应用场景，即 eMBB、uRLLC、mMTC。2018 年 6 月完成的 3GPP R15 标准定义了 5G NR（新天线）及 5G 核心网，侧重实现 eMBB 切片场景下应用；2020 年 7 月完成的 R16 标准侧重 uRLLC 切片场景下应用，并在 R15 基础上进一步优化各种性能指标并提升现有功能效率。未来 R17 标准的目标是将大连接低功耗的海量机器类通信作为 5G 场景一个增强方向，实现每平方公里可进行 100 万个连接，以更全面支持物联网应用。

根据 3GPP 规范，电力切片由 S-NSSAI（网络切片选择辅助信息）来标识，包括 SST、SD 两部分信息。SST（Slice/service type）为必选字段，标识切片类型，当前协议中定义了 4 种标准 SST，分别为 eMBB、uRLLC、mMTC、V2X（车联网场景）；SD（Slice differentiator）为可选字段，对 SST 进行补充，属于运营商定制的网络切片信息，一般运营商可根据区域、行业和公司等信息自定义。

2020 年依托百万千瓦秒级可中断负荷工程，国网浙江电力已在省公司侧完成电力核心网元设备（UPF）的部署，2021 年在杭州、宁波公司实现 UPF 下沉，首次采用端到端 5G 硬切片承载电力控制类业务，预计 2022 年内在其余 9 家地市公司完成 UPF 下沉，支撑全省电力控制类业务规模接入，并遵循电力安全"业务分区、网络专用、横向隔离、纵向认证"要求，形成具有浙江特色的 5G 切片隔离方案。考虑经济原因及目前 R17 标准未成熟，且电力业务终端密度尚未达到每平方公里 100 万个，生产控制大区原则上采用 uRLLC 类型切片，管理信息大区采用 eMBB 类型切片，暂不考虑 mMTC 类型切片在电力业务中应用。

不同的网络切片能提供不同程度的安全隔离性，对于负荷控制、配电网差动保护、配电网自动化"三遥"等电力生产控制类场景，5G 电力虚拟专网需达到近似物理隔离的网络专用程度，因此生产控制大区相关专属网元要独立部署，承载网侧、无线网侧需提供相应的物理隔离切片。而采集类、监控类业务的专属网元原则上可以考虑与运营商 ToB 的资源池共享，承载网侧、无线网侧提供相应的逻辑隔离切片。

（三）5G 硬切片技术原理

5G 网络硬切片技术是将一个物理网络切割成多个虚拟的具有近似物理隔离强度的端到端的网络，不同的虚拟网络服务于不同场景、不同的企业，任何一个虚拟网络发生故障都不会影响到其他虚拟网络。在一个网络切片中，可分为无线子切片、承载子切片和核心子切片三部分。

RB 资源静态预留是硬切片技术在无线网层面的体现，应用在电力终端设备与就近基站（前传网）的无线通信过程。RB 资源预留切片提供有绝对资源规划的精准保障，将 5G 的空口资源从频域维度划分为不同的资源块，不同用户的数据承载（DRB）映射到不同的资源块上，业务间彼此正交，互不影响。如果将 5G 通信端到端服务比喻成航空公司，RB 资源预留就好比是开通了贵宾通道，数据传输上下行不再挤大厅候机，而是有专人服务引导上下飞机。

FlexE 技术是硬切片技术在承载网层面的体现，应用在长途通信（中传网）过程。FlexE 技术是基于以太网协议，在 L1（PHY）和 L2（MAC）层之间增加 FlexE Shim 层，使得 MAC 速率和物理层解耦，不再强绑定，灵活匹配。FlexE 分片使传输有了时隙调度功能。将一个物理以太网端口划分为多个以太网弹性管道，使得承载网络既具备类似于 TDM（时分复用）独占时隙、隔离性好的特性，又具备以太网统计复用、网络效率高的特点。通过 FlexE 分片，实现在时隙层面的物理隔离。传统以太端口调度基于报文优先级调度，长包阻塞短包，导致短包时延变大，业务之间相互影响。FlexE 技术基于时隙调度，独占带宽，业务之间不相互影响。传统以太技术优先级调度可比喻为救护车，拥有较高的优先级，但是当车流量较大时，依然会造成堵塞。FlexE 技术就好比是公交专用车道，采用 FlexE 技术后，电力业务不受其他业务的影响。

UPF 下沉是硬切片技术在核心网层面的体现，应用在核心控制层与用户传输层通信（回传网）过程。核心网包含控制面和用户面两部分，控制面传输控制信令，用户面传输实际数据。电力 5G 核心网采用公网专用方式部署，即控制面共享运营商网元，用户面采用独立专用部署模式，通过部署独享用户端口功能（User port function，UPF），将电力硬切片内的用户数据全部通过独享 UPF 导流到电力安全接入平台，然后进入电力内网。UPF 下沉就好比是企业组建了一套自己的机务部门，除机场塔台指挥控制外，拥有业务运载上的最大自主权。

（四）无线通信安全防护体系

为保障电力系统网络安全，当采用无线通信方式将各类终端接入电力生产控制大区控制区、生产控制大区非控制区、管理信息大区网络和互联网大区网络时，应设置安全接入区，对原始数据进行加密和协议封装后再在网络中安全传输，同时应在各自的专用通道上使用独立的网络设备组网，实现区域的物理隔离。目前对于 5G 电力虚拟专网，暂时延用与 4G 虚拟专网同样的保护措施。

1. 生产控制大区网络防护技术

在控制区和无线网络、非控制区和无线网络的边界处设置安全接入区，使用正、反向隔离装置进行隔离，阻止非法终端接入，并使用电力专用安全接入装置，如纵向安全加密装置等设备建立安全传输通道，对传输中的数据进行加密保护，防止数据被篡改、窃听、泄露接入。同一 APN 的终端，如特殊要求，应通过运营商设置为禁止终端间互访及访问互联网功能。

2. IPv6 通信安全防护技术

将现有 IPv4 网络平稳过渡至 IPv6 网络，并充分利用 IPv6 自身特性保障网络传输安全。充分利用 IPv6 技术，为设备提供唯一固定 IP 地址，实现 IP 地址和设备资产信息的绑定，为网络安全事件的追踪和溯源提供基础支撑；利有 IPv6 自带的 IPSec 加密通信机制，防止通信过程中传输的内容被破坏或劫持，实现传输安全性。IPv6 网络应提供流量监测能力和数据上报能力，实现对网络流量的审计和监控，及时发现异常情况。

3. 近距离无线局域网安全措施

近距离无线局域网通信技术可弥补在特殊场景下的网络部署布线困难的场景，作为局域网有线网络的补充，可通过 WiFi、Zigbee、LoRa、蓝牙等短距离无线方式终端接入。使用 WiFi、Zigbee、LoRa、蓝牙等无线方式连接的终端，应采用边缘物联代理的方式接入。确保开通无线 WiFi 时应关闭 SSID 广播，启用 WPA/WPA2 或更高安全级别加密；Zigbee、LoRa、蓝牙等接入时应参照安全接入管理要求设置认证，设置终端接入密码的终端须满足登录密码强度要求和 WiFi 路由器管理员账号强口令。如有必要，可对端设备进行鉴权验证，进一步提升接入安全。

4. 5G 电力虚拟专网防护技术

在 5G 通道安全方面，要求运营商通道达到等保三级，并采取加强设备访问控制、加固网元安全、分配终端固定 IP 地址等措施，同时开放 5G 无线接入网 / 承载网 / 核心网等切片监视权限。

在终端安全方面，推荐业务终端与通信模块一体设计，通信模块应支持 5G SA 模式，并采用嵌入式 SIM 卡、机卡绑定、SIM 卡二次鉴权等措施。终端设备应具有国网认证的数据加密功能，或内嵌加密芯片，对传输数据进行加密，在接收主站下发的指令等关键业务报文时进行验签。

在业务安全方面，针对不同大区的电力业务终端，应设立各自独立的安全接入区。生产控制大区与安全接入区之间应部署电力专用隔离装置，安全接入区内应部署网络安全监测装置，并采用加密认证技术实现与终端通信的加密传输和安全认证，采用国密算法及签名验签技术实现控制指令的完整性保护。部署可信验证模块、安全操作系统，加强重要服务器及终端的安全防护。采用安全监测手段，实现对主站、终端的业务行为和安全事件的监测。可融合采用量子加密技术，进一步提升无线公网承载电力业务的安全性。

5. 适配建议

根据不同的电力业务场景，结合无线通信技术覆盖距离、带宽、延时、可靠性指标，选择最佳无线通信技术。对于远程通信，根据电力业务所在位置的 4G/5G 基站覆盖情况进行 4G/5G 接入选择，在满足 5G 网络条件下，优先使用 5G 虚拟专网；对于本地无线通信接入，大带宽、低延时业务优先采用 Wi-SUN RF 通信方式接入，长距离低功耗业务优先采用 LoRa 通信方式接入。

第四节　量子加密

一、量子加密核心技术原理

（一）量子密钥分发技术

量子密钥分发（Quantum key distribution，QKD）是最先实用化的量子通信技术，是量子通信的重要方向。量子密钥分发可以在空间分离的用户之间以信息理论安全的方式共享密钥，这是经典密码学无法完成的任务。基于国际学术界的广泛共识，包括 2010 年沃尔夫物理学奖获得者 Anton Zeilinger 教授等在内的众多国际学者通常将量子密钥分发称为量子通信；美国物理学会的学科分类系统 PhySH 将量子密码作为量子通信条目下的一个子条目；欧盟发布的量子技术旗舰计划《量子宣言》，将以量子密钥分发为核心的量子保密通信作为量子通信领域未来的主要发展方向。

量子密钥分发的安全性是以物理原理为基础的。其基本方法是使用量子态来编码信息，通过对量子态的制备、传输和检测来达到安全分发随机数—即密钥的目的。对于量子态的编码、传输和测量方法的规定，称为量子密钥分发协议。

1984 年，Charles H.Bennett 与 Gilles Brassard 提出了世界上第一个量子密钥分发协议，也是最具代表性的量子密钥分发协议，即著名的 BB84 协议。现有实际量子密钥分发系统主要采用 BB84 协议，与经典密码体制不同，量子密钥分发的安全性基于量子力学的基本原理，能让空间分离的用户共享安全的密钥。学术界将这种安全性称为"信息理论安全"（也可称为"无条件安全"），指拥有严格数学证明的安全性，例如计算能力任意强大的计算机，包括量子计算机。量子密钥分发的这种安全性与计算复杂度无关，因此不论对手拥有多大的计算能力，其安全性都不会受到影响。

量子密钥分发协议有多种，总体而言其安全性都基于以下量子物理原理，即不可分割、不可测量、不可克隆。

（1）单量子不可再分。量子是物理量变化的最小单元，单个量子不可分割。量子密钥分发若采用单个量子（通常为单光子）作为信息载体，则攻击者无法通过窃取单量子的一部分并测量其状态的方法来获得密钥信息。

（2）未知单量子态无法精确测量。根据海森堡测不准原理（现在多称为不确定性原理），量子的一对非对易物理量不能被同时测准。在量子密钥分发双方随机选择非对易物理量的其一进行编解码时，攻击者即使截取了量子信号，也无法有效测准单量子的状态。如果攻击者根据测量结果重新制备一个量子发送给接收方，将不可避免地改变单量子状态，导致解码结果与编码不一致。量子密钥分发双方可通过检测误码率来判断攻击行为及其强度，并在后处理中进行消除。

（3）未知单量子无法精确复制。量子相干叠加（同时处于多种状态）的特性使得不存在通用的方法获得任意未知单量子的多个精确一致拷贝。在量子密钥分发双方随机调制单量子态时，如果攻击者试图在截获量子信号后复制多个拷贝，将不可避免地导致复制态与初始态存在偏差，进而导致解码结果与编码不一致，量子密钥分发双方同样可进行检测发现和后处理消除。

以上述物理原理为基础，目前对于一部分量子密钥分发协议，如BB84、E91、MDI-QKD协议等，已经给出了严格的数学推导，可证明其信息理论安全性。量子密钥分发协议相对传统密钥分发在安全性方面有以下优势：①量子密钥分发的安全性基于如上所述的量子力学基本原理，不依赖于对计算复杂性的要求和假设，其安全性和理论完备性能够得到充分保证；②即使在量子计算技术成熟的条件下，其密钥分发过程也具有可靠的安全性。量子密钥分发可以有效应对计算技术及量子计算飞速发展给传统密码体系带来的严重威胁。

（二）量子加密技术

1. 传统加密实现方式

传统加密有对称和非对称加密体系，对称加密一般有2种实现方法，一种是由多名机要员送密码本，这种方式的密码本更新频率不会很高；另外一种方式是采用非对称加密体系传输对称密钥，而非对称密码本身是基于计算复杂度构造的加密算法，从理论上存在被破译的可能。

2. 量子加密实现方式

量子加密目前有2种实现方式，一种是基于量子密钥分发网，另一种是基于量子密码服务平台。

量子密钥分发网产生对称的真随机量子密钥，量子密钥存储在量子密钥管理终端中，量子加解密设备从量子密钥管理终端获取量子密钥，结合密码卡中采用的加密算法（国密或传统加密算法），对数据进行加密。

量子密码服务平台基于广域网量子密钥分发技术，将量子密钥扩展至各类前端设备，保证设备在身份认证、数据传输等全流程的数据安全性。

3. 量子加密和传统加密的区别

量子加密与传统加密均可采用国密或传统加密算法，本质区别在于密钥。量子密钥具有真随机特性，加密方式采用量子密钥＋国密（传统）加密算法；传统加密采用伪随机密钥＋国密（传统）加密算法。

（三）量子安全服务系统技术

量子安全服务系统是量子应用网络平台，将量子密钥资源通过安全加密机制拓展到量子密钥分发专网以外的网络，使用量子安全介质产品融合到移动终端，并对终端密钥进行动态管理，为用户提供任意多点间密钥协商、接入认证、访问控制、安全存储等功能服务，从而使得更多的用户享有高安全等级的服务。量子安全服务系统能够快速响应用户需求实现定制开发，各行各业基于这个平台发挥各自的专业和产业优势，形成新的量子密钥应用，保障通信安全。

量子安全服务系统可以提供以下功能：

（1）接入认证及访问控制：对访问系统的移动终端进行安全认证和访问控制，授权在许可的生命周期内提供量子密钥的分发服务。

（2）多点间密钥协商：为已认证的多个移动终端及服务器端提供量子密钥分发服务。

（3）密钥安全存储：提供量子密钥安全存储服务，存储设备配置专用加密芯片，以密文状态保存。

（4）提供加解密服务：支持基于量子密钥的SM1、SM3、SM4等国家密码局标准算法进行加解密服务。

（5）量子安全设备管理服务：提供包括量子安全介质和量子可信设备管理服务，内容包含权限管理、生命周期管理等。

（四）量子随机数发生技术

随机数是一种广泛使用的基础资源，而随机数发生器就是用来产生随机数序列的一种功能单元。不同原理和规格的随机数发生器形态各异，可能是器件、组件、模块乃至设备。性能良好的随机数发生器在众多领域，如信息安全、量子信息、量子通信、密码学、博彩业、蒙特卡罗模拟、数值计算、随机抽样、神经网络计算等都有广泛应用。在密码学领域中，随机数的应用更加广泛，无论是非对称算法中的私钥，还是对称算法中的密钥，其原始密钥都是由随机数发生器产生的。与传统真随机数发生器比较，量子随机数发生器具有以下优点：

（1）随机数输出具有量子特性，具有更高的安全性。

（2）由于量子随机数发生器提取干涉光输出的相位涨落信息（经过光电转换后的电压）作为源随机数，在相同的采样速率下，量子随机数发生器可以提供更高的随机数速率。

综上所述，量子随机数发生器既能在传统行业更好地提供真随机数，又能够在高速量子通信系统中更好、更快地提供真随机数。量子随机数发生器输出的随机数可以通过国密、NIST等随机性标准检测。

二、量子安全服务平台系统架构

量子安全服务平台系统由量子密钥生成系统、量子密钥调度系统和量子密钥应用系统共同组成，用于将量子会话密钥分发至电力配电网终端和量子安全网关上，并应用该密钥建立一条"无条件安全"的量子安全加密隧道，保障配电网终端数据流的通信安全。量子安全服务平台系统架构如图3-7所示。

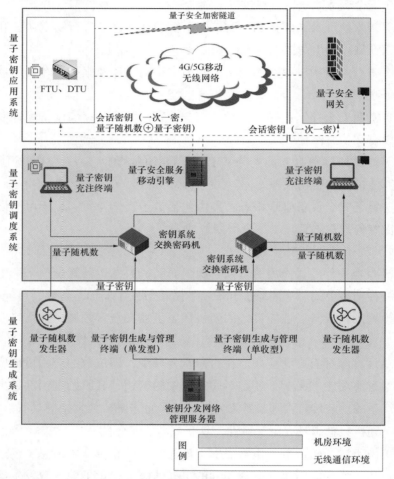

图 3-7　量子安全服务平台系统架构示意图

（一）量子密钥生成系统

量子密钥生成系统包括量子密钥生成与管理终端、密钥分发网络管理服务器、量子随机数发生器。该子系统的主要功能是利用量子特性生成量子密钥，为前端系统提供量子密钥支持。

（二）量子密钥调度系统

量子密钥调度系统包括密钥系统交换密码机、量子安全服务移动引擎、量子密钥充注终端。该子系统的主要功能为：①密钥系统交换密码机负责量子密钥存储及输出；②量子安全服务移动引擎负责实现量子密钥的调度和协商，确保量子密钥可以安全有序地分发至量子密钥应用系统；③量子密钥充注终端负责将量子密钥通过安全介质的方式进行充注，并在量子密钥应用系统使用。

（三）量子密钥应用系统

量子密钥应用系统包括量子安全网关和一二次深度融合智能开关、站所终端，该子系统的主要功能为：利用量子密钥构建量子安全加密传输通道，提升4G/5G传输通道的安全等级，确保业务系统数据可以安全地传输至安全接入区，并由安全接入区转发至业务系统。

（四）量子安全服务平台适配电网主站

量子安全服务平台可适配地市公司生产控制大区主站、省公司管理信息大区主站及互联网大区主站。量子安全服务平台建设在安全接入区和运营商网络之间，整体系统架构如图3-8所示。

（五）配电痛点问题及量子标准化解决方案

近年来，随着配电物联网建设的推进，新型智能配电网的结构和功能明显优化，但配电网运行环境复杂，既要基于物联网技术实现泛在物联和全景感知，又要面临物联网灵活多样的接入方式以及数量庞大的装置带来的配电网结构动态多变和数据安全风险增大的问题。配电网终端在实际运行过程中存在以下痛点：

（1）在信息接入方面，大量终端设备点多面广，设备数量巨大，巡检任务繁重，传统光纤铺设存在成本高、通道受限的问题。

（2）在信息控制方面，部署在无线公网环境中的终端设备只能实现遥测（远程测量）、遥信（远程获取设备状态），无法遥控（远程控制）和遥调（远程调节），操作仍需到现场，效率不高，故障上报不及时。

（3）在信息互动方面，无人机、机器人、输电线路在线监测等智能终端大带宽数据，跨网交互时需经过隔离装置的多重过滤与验证，无法实时回传内网，只能通过离线方式开展，状态感知数据无法回传，预警预测作用有限。

针对以上配电网终端的痛点问题，国网浙江公司提出了一套量子标准化解决方案，将量子安全服务平台系统整体部署于无线安全接入区与运营商网络之间，网络架构详见图3-9。在无线安全接入区边界和运营商边界部署防火墙，在交换密码机至量子安全网关和交换密码机至密钥服务平台系统部署之间部署入侵防护设备（入侵防护设备可根据已建无线接入区状态选配）。

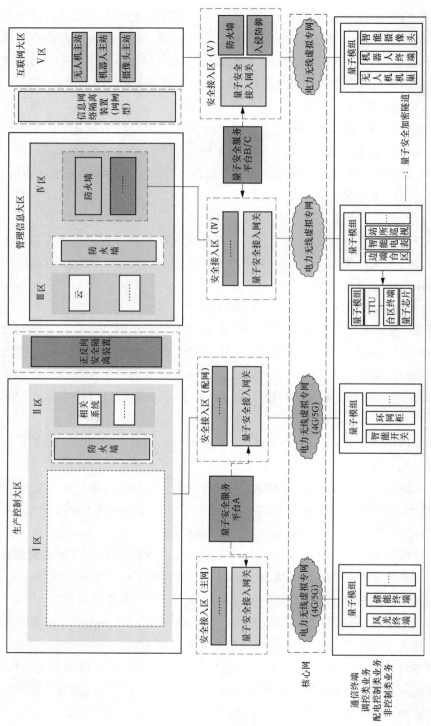

图 3-8 量子安全服务平台整体系统架构图

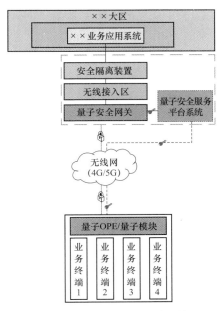

图 3-9　量子加密接入系统架构图

针对不同运营商网络或不同安全接入区网络可以配置多组对外应用接口（每组对外应用接口包含量子安全网关、内网防火墙、外网防火墙等设备）进行对接。

在部署量子安全服务平台同时，针对各类型配网业务终端（架空线路配网智能开关、配电开关站环网柜、配网光伏、配网储能等一系列场景）进行量子CPE 或量子定制化模块展开改造工作，具体改造方案见后章。

第五节　北斗通信

北斗卫星导航系统是中国自行研制开发的卫星定位与通信系统，是除美国的 GPS、俄罗斯的 GLONASS 之后第三个成熟的卫星导航系统。北斗卫星导航系统由空间端、地面端和用户端三部分组成。空间端包括 5 颗静止轨道卫星和30 颗非静止轨道卫星。地面端包括主控站、注入站和监测站等若干个地面站。

北斗卫星系统特有的短报文通信技术，可以作为配电网建设中对光纤、公网等传统通信方式的有力补充。将短报文通信方式应用于配电网线路无公网信号覆盖区域，可实现配电网线路、作业人员、车辆等业务数据与位置信息的回传，帮助主站运维人员实时了解线路状态及运行检修作业状况。

基于北斗应用的新型智能开关（简称北斗开关）由一二次融合开关、控制终端、北斗系统和主站系统组成。北斗开关具备双向线损电量数据自动采集、短路及单相接地故障就地自动研判隔离、瞬时故障自动重合闸、北斗"三遥"开关等功能，可最大限度减少停电范围，保障非故障用户的可靠供电，提高供电效率和用电安全。北斗开关可作为分段开关、联络开关、分支开关和分界开关在配电线路中使用。

一、北斗开关应用的优势

（1）提高配电网的运行和自动化水平，减少故障停电次数和停电时间，自动实现短路和接地故障定位，故障隔离，减小停电范围。

（2）通过北斗系统实现更为安全的遥控开关功能，解决小岛、偏僻地段等交通不便利地区的遥控隔离故障难题。

（3）提高供电企业各项经济技术指标和企业的现代化管理水平。

二、北斗开关技术构架

应用北斗卫星导航系统的短报文通信功能，远方遥控一二次融合开关，传输开关量状态。开关侧和主站侧都用北斗模块直接和卫星通信，信息只在北斗卫星导航系统内传输，不需要接入公网。北斗卫星导航系统的短报文通信应用军用级加密系统，确保通信安全。

三、北斗卫星导航系统的缺点

（1）北斗通信模块需运行在户外无遮挡地点，与卫星直接通信。

（2）短报文通信两帧数据间隔需大于 1min。

（3）北斗模块运行功耗略高，待机功耗 0.6W。

短报文通信帧间隔需大于 1min，会影响遥控操作延时。执行一个遥控操作的步骤如下：

第一步主站向终端发送预选命令，终端向主站回复预选成功。

第二步主站向终端发送执行遥控命令，终端向主站回复执行成功。

第三步终端向主站发送开关量状态变化告警，主站回复终端收到告警。如果按间隔 1min 计算，此流程遥控完成时间只需要 2min，但因为终端给主站回执 1 条开关量状态变化告警短报文，因此一个完整的遥控操作过程需要 3min。

因北斗卫星导航系统的短报文通信功能数据量小，延时比较长，所以总召数据和其他监测数据可以走 GPRS 专网通道，北斗卫星导航系统的短报文通信功能只负责遥控和遥信功能。

四、北斗开关接入方案

北斗开关主要利用"智能开关＋北斗终端"结合的方式实现遥控功能，其主要是在一套正常运行的智能开关设备上加设 1 个北斗终端，在配电自动化主站无线安全接入区加装北斗短报文终端。北斗短报文终端与智能开关、无线安全接入区均通过 RS232/485 串口物理连接。遥控涉及的所有数据均经由北斗终端在开关和主站间进行双向通信传输。北斗终端的供电是通过改造开关本体加装取电 TV 的方式取电，智能端通过 TV 和太阳能双取电供电，保障设备运行。遥控时，主站侧的工作站下发遥控命令，北斗卫星接收后给现场安装的北斗短报文终端，最后由短报文终端控制开关本体，完成原路返回给配电自动化主站一个变位告警，至此完成一套遥控流程。

北斗开关接入方案采用的控制终端和北斗模块是相互独立的设备，以方便后期运维检修工作，其架构如图 3-10 所示。

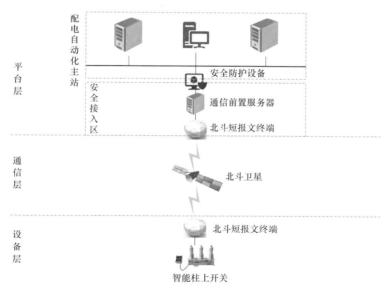

图 3-10 北斗开关接入方案架构图

（1）实现方案。北斗短报文的通信能力受限，发送频次为 1min/ 次，单次发送报文长度不超过 78 字节（接收不受限）。由于遥控涉及的单条报文数据长度均不超过 78 字节，因此每条报文发送只需占用 1min 的频度，无须进行数据分包。

依据现有电力遥控操作方式，主站会向开关发送 2 次数据，而开关则会对应向主站发送 3 次数据，因此每次遥控操作至少需要耗时 3min 才能完成，具体实现步骤如下：

1）主站→开关：激活。配电自动化主站发出遥控激活（预置）指令，对应的指令报文数据传递至前端服务器，由前端服务器将报文封装为短报文格式后经由北斗终端发送给待遥控开关侧的北斗终端。

2）开关→主站：确认。开关侧的北斗终端接收到数据并传递给智能开关，由智能开关响应遥控激活指令并生成用于回复主站的激活确认信息，传递给北斗终端进行发送。此步骤的用时较短（不足 1min）。

3）主站→开关：执行。主站侧的北斗终端收到回复的激活确认信息并传递至主站，主站响应该信息并下达"遥控执行"指令，但由于短报文频次受限，需在发出遥控激活指令后等待 1min，方可将执行指令封装后经由北斗终端再次发送至开关侧。

4）开关→主站：动作。开关侧的北斗终端接收到遥控执行指令并传递给智能开关，开关响应指令并执行对应动作。因开关动作而生成的状态信息经由北斗终端发送给主站。

5）开关→主站：完成。开关完成动作后生成一条遥控操作完成的确认信息，经由北斗终端发送给主站。

（2）改造方案。

1）主站侧：新增一套无线安全接入区，并在无线安全接入区增加 1 套北斗短报文终端（含通信频度 1min/ 次的北斗用户卡），负责与现场北斗终端通信。

主站侧需开发北斗短报文协议，增加对应北斗短报文 4.0 协议的解析、封装、通信功能，并对现有遥控功能进行改造，适应北斗短报文遥控实际需求。

2）现场侧：每套智能开关配置 1 套北斗短报文终端（含通信频度 1min/ 次的北斗用户卡），负责与主站侧北段终端通信。

智能开关的内置程序需增加对应北斗短报文 4.0 协议的解析、封装、通信功能。

第六节　小电流放大装置

一、小电流放大装置产品功能

（1）支持无线专网、公网和光纤通信，具备实时在线功能。

（2）对单相接地故障的识别准确度不低于变电站小电流选线的标准。

（3）能区分出永久接地与瞬间接地，并在永久接地发生时自动投入短时放大的接地电流。

（4）可远程调整接地电流放大的次数。

（5）具备完整的保护功能，杜绝设备投入运行后引起谐振的可能。

（6）研判装置支持不少于1个串口或1个独立的维护接口，具有本地及远方参数设置及维护功能。

（7）时钟对时具备主站时钟校时功能，在无对时情况下，通信终端24h自走时钟误差不大于2s。

（8）研判装置能提高同一母线段上线路的故障指示器研判单相接地故障的准确性。

（9）研判装置具有电压在线监测功能，能主动上传故障电压和投切动作告警。

（10）研判装置具有电源远程管理功能。

（11）接地研判装置与二遥故障指示器配合，具有接地故障定位功能。

（12）接地研判装置既可以安装在户内，也可以安装在户外。

二、小电流放大装置结构

小电流放大装置结构如图3-11所示。

小电流放大装置主要与架空型故障指示器配合研判接地故障，将小电流放大装置安装在变电站10kV母线任意一条架空线路的1～5号杆位置，可以对整条母线进行接地选线功能。

值得注意的是：当变电站主变压器（简称主变）是经消弧线圈接地时，研判准确率将会大大降低，甚至出现研判错误，所以在选择线路时应注意规避。

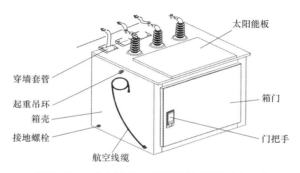

图3-11 小电流放大装置结构示意图（一）

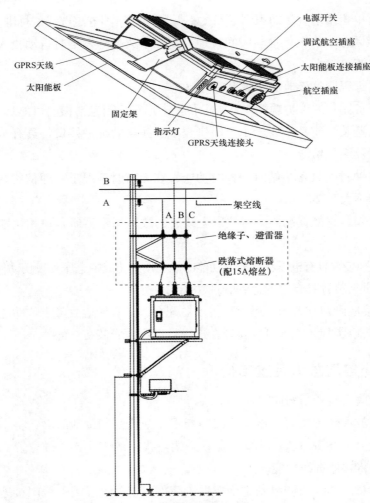

图 3-11 小电流放大装置结构示意图（二）

随着智能开关接地研判功能的日益成熟，小电流放大装置配合故障指示器的组合使用空间越来越小，从而结束其过渡产品的定性意义。

第七节 看门狗

"看门狗"功能的开关其含义就是"柱上负荷开关（断路器）+ 微机保护装置 + 通信模块"功能组合的柱上开关。

"看门狗"技术在 15 年前已经开始应用，当时只是开关加上了继电保护的功能，随着科技的进步，通信模块的应用才日渐成熟。现在的智能开关事实上就是"看门狗"技术的升级应用。

但是两者之间还是有一定差异的：

（1）看门狗只适用于分界开关；

（2）看门狗现阶段无法接入华云Ⅳ区系统；

（3）看门狗采购成本低于智能开关；

（4）看门狗不具备综合研判功能；

（5）看门狗的通信技术及后期拓展应用功能低于现有的智能开关。

综上所述看门狗技术也慢慢退出电力设备的历史舞台。但相较普陀的开关，看门狗功能开关现阶段还是有其用武之地，并发挥着相应的功能。

第八节　配电网边缘侧量子+零信任安全防护方案

一、零信任和量子基本介绍

随着能源互联网形态下多元融合高弹性电网建设和公司新型电力系统省级示范区的推进，公司网络基础架构日渐复杂、网络安全形势日益严峻，在新型配电网环境下，基于边界的网络安全架构和解决方案已经难以应对如今的网络威胁。

零信任的本质是以身份为基础的动态可信访问控制，在引用零信任理念的网络安全架构中，默认情况下不应该信任企业网络内外的任何人、设备或应用，需要基于认证和授权重构访问控制的信任基础，实现"从不信任、始终验证"。

二、边缘侧零信任安全防护方案

配电网是建设新型电力系统的主战场，在10kV分布式光伏场景，配电业务终端通过生产控制大区（Ⅰ区）配电安全接入网关实现终端身份认证，通过终端芯片实现应用数据加密；在380V低压光伏场景，融合终端通过管理信息大区（Ⅳ区）安全接入网关实现身份认证协商和数据加解密。为了实现光伏友好安全接入，浙江电科院基于目前在零信任网络安全方面的示范经验，结合配电网目前网络现状，计划选取10kV（量子+零信任）、10kV（零信任）和380V（零信任）三个分布式光伏场景进行新型配电网边缘侧零信任安全防护探索。

（一）10kV 分布式光伏场景量子 + 零信任安全防护方案

在 10kV 分布式光伏场景，将零信任理念和现有的量子加密技术结合。零信任部署完成后，配电自动化 I 区业务对配电终端是不可见的，业务终端先进过零信任控制器评估每个终端及用户的身份和安全状态做出允许访问决策后，零信任网关才会通过量子 CPE 和量子安全网关建立配电终端和配电自动化 I 区业务的连接；同时，运用零信任安全架构实现对业务的全流程持续信任评估、安全监控和安全态势可视，主要部署工作如图 3-12 所示。

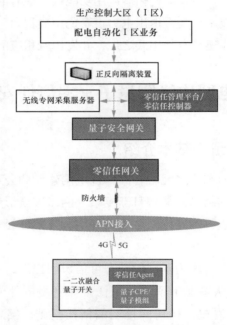

图 3-12　10kV 分布式光伏场景零信任安全防护架构

（1）在配电终端（融合量子开关）部署零信任 Agent（采用内嵌安全可信代理模块或模组改造的形式），与零信任网关通信，接收零信任平台下发的相关策略；配合量子 CPE 或内嵌量子加密通信模块与量子安全网关通过 IPSec 建立量子加密通道，实现 IP 数据的安全传输。同时，通过采集终端特征信息、终端流量日志、终端系统安全日志，为零信任管理平台持续信任评估提供数据。

（2）在无线安全接入区防火墙与配电网安全网关之间部署量子安全服务平台。量子安全服务平台主要包括量子密钥生成系统、量子密钥调度系统、量子密钥应用系统。利用量子密钥构建量子安全加密传输通道，提升 4G/5G 传输通道的安全等级，确保业务系统数据可以安全传输。

（3）在配电自动化 I 区业务所在生产控制大区部署零信任管理平台，实现配电网边缘安全态势可视。零信任管理平台主要包括零信任网关和零信任控制器。零信任控制器通过持续评估每个终端及用户的身份和安全状态做出访问控制决策。零信任网关是用于连接公网与公司内网的边界，负责代理并监控配电终端和配电自动化系统的连接，实现资源端的网络隐身。

（二）10kV 分布式光伏场景零信任安全防护方案

在 10kV 分布式光伏场景，零信任控制器持续评估光伏接入装置及用户的身份和安全状态，做出访问控制决策；在允许访问情况下，零信任网关建立光伏接入装置和配电自动化 I 区业务的连接，通过零信任代理模块和零信任网关等配合实现装置到生产控制大区通信链路加密，运用零信任安全架构实现对业务的全流程持续信任评估、安全监控和安全态势可视，主要部署工作如图 3-13 所示。

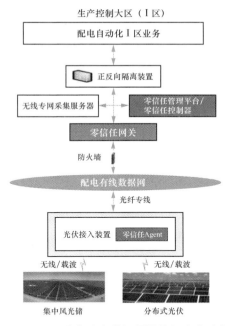

图 3-13 10kV 分布式光伏场景零信任安全防护架构

（1）在光伏接入装置部署零信任 Agent，与零信任网关建立 IPSec 加密通道，采用非对称加密方式实现数据安全传输，满足调度数据网安全接入需求。同时，通过采集装置特征信息、流量日志、系统安全日志，为零信任管理平台持续信任评估提供数据。

（2）在配电自动化Ⅰ区业务所在生产控制大区部署零信任管理平台，零信任管理平台主要包括零信任网关和零信任控制器，实现配电网边缘安全态势可视。其中零信任控制器通过持续评估每个装置及用户的身份和安全状态做出访问控制决策；零信任网关用于连接公网与公司内网的边界，与光伏接入装置建立加密隧道，负责代理并监控装置和配电自动化系统的连接，实现资源端的网络隐身。

（三）380V分布式光伏场景零信任安全防护方案

380V低压光伏场景下，融合终端经过安全接入网关身份认证后接入配电自动化系统管理信息大区（Ⅳ区），零信任控制器旁路采集融合终端业务流量持续评估每个访问请求的身份和安全状态做出访问控制决策，并通过融合终端对用户侧的各类设备（分布式光伏、智能电表、用户侧储能等）进行访问控制，主要部署工作如图3-14所示。

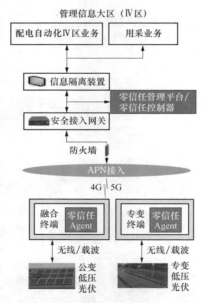

图3-14　380V公变侧低压光伏场景零信任安全防护架构

（1）在融合终端和专用变压器（简称专变）终端部署零信任Agent（安全可信代理的形式），与零信任网关通信，接收零信任平台下发的相关策略；同时，通过采集终端特征信息、终端流量日志、终端系统安全日志，为零信任管理平台持续信任评估提供数据。

（2）在配电自动化Ⅳ区业务所在管理信息大区部署零信任管理平台，零信任管理平台主要包括零信任控制器，通过持续评估每个访问请求的身份和安全状态做出访问控制决策，并实现边缘安全态势的可视。

三、预期收益

新型配电网在 10kV 和 380V 分布式光伏场景下的边缘侧量子及零信任安全防护探索，一方面通过量子密钥构建的隧道增强了各类终端接入的安全，并细粒度管控应用访问；另一方面增强了各类智能终端的本体安全，为终端接入后的数据、指令安全提供了保障；再一方面整体提升了安全感知能力，为海量终端接入的安全可感知提供了可靠手段。

第九节　行波测距

配电网行波故障预警与定位装置（简称行波测距装置）采用一体化工业结构设计，其架构如图 3-15 所示。终端是集采集、通信、电源一体化的产品结构，无汇集单元，监测线路对地电场、负荷电流及故障高频电流，实现小电流接地选线、故障精确定位和绝缘隐患监测等功能，有效提高配电线路运行水平和运维检修效率。

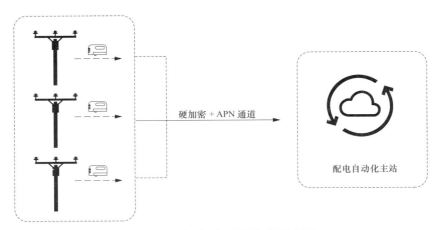

硬加密＋APN 通道

配电自动化主站

图 3-15　行波测距装置架构示意图

下面，以常用的某厂家的行波测距装置仪为例来进行介绍。

一、行波测距原理

（1）行波的形成：线路故障瞬间，由于网络阻抗的突然变化，导致电压和电流瞬态突变，从而激发起沿线路传播的电压和电流波动叫做行波。

（2）行波测距原理：首先在线路上分布式布置各行波检测单元实时触发捕捉故障行波信号，并记录行波达到时刻，通过标定行波波头达到两端行波检测单元的时刻计算出时差。再结合两端行波检测单元之间的距离参数，利用行波在线路传播的速度即可计算出故障点离行波检测单元的距离，对比线路档距信息等基础资料，最终实现故障点精确定杆。

二、装置外观结构

行波测距装置监测终端集采集、通信、电源于一体，无汇集单元，三个一组，分为 A、B、C 三相，安装在架空线路上，实物如图 3-16 所示。

图 3-16　行波测距仪监测终端产品图

行波测距装置监测终端底部如图 3-17 所示，装置底部包含安装方向箭头及带电安装工具固定卡装位置点；安装令克棒及实景如图 3-18、图 3-19 所示。

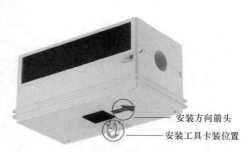

图 3-17　行波测距装置监测终端底部实物图

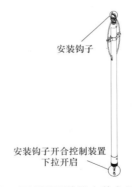

安装钩子

安装钩子开合控制装置
下拉开启

图 3-18　行波测距装置安装专用令克棒

图 3-19　行波测距装置安装实景图

三、主要功能原理

全线布置行波测距装置，可实现对线路的全方位保驾护航。主要功能如下：

1. 故障精确定位

行波测距装置采用分布式行波在线测量技术，通过故障行波经过相邻终端的时间差准确计算故障位置。可实现常见短路故障和接地故障的精确定位，精确定位原理如图 3-20 所示。

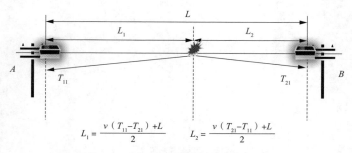

$$L_1 = \frac{v(T_{11}-T_{21})+L}{2} \qquad L_2 = \frac{v(T_{21}-T_{11})+L}{2}$$

图 3-20　双端行波定位原理示意图

2. 绝缘隐患监测

行波测距装置准确采集树障、鸟害等常见隐患物导致的瞬时性接地故障数据，通过大数据自学习算法辨识常见隐患放电类型，准确定位故障位置并存储，供运维人员分析线路绝缘薄弱环节，为线路状态检修提供指导性依据。

（1）绝缘隐患形成机理。因风吹树木、小动物尸体以及漂浮物等因素的影响，配电网常出现瞬时性单相接地隐患，间歇性发生，存在偶然性，如图 3-21 所示。

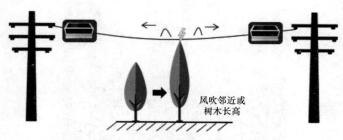

图 3-21　绝缘隐患形成存在偶然性

（2）持续隐患监测。极早期隐患放电形成初期，往往未形成贯穿性闪络接地，此时线路上工频参量变化不明显，但在微纳时间尺度下，每一次放电均对应着剧烈的电磁突变过程，同时伴随高频放电行波的产生。极早期隐患放电具有频次高、随机性强的特点，通过在线路上布置高灵敏度行波检测单元，实时捕捉这种高频行波信号，实现对局部放电隐患的预警。持续性检测并记录放电行波如图 3-22 所示。

（3）干扰识别。由于作用在电力线路上的运行电压是周期性的，在绝缘发生闪络或击穿前，由绝缘降低引起的故障行波往往发生在电压峰值附近，具有周期性特点。并且越邻近闪络或击穿点，绝缘故障产生的行波幅值会越来越大，时间间隔会越来越短。而其他故障（如雷击线路、短路接地或正常的断路器开

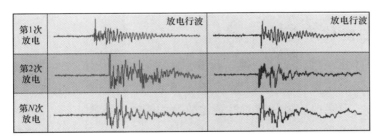

图 3-22　持续性监测并记录放电行波

合间操作等）引起的行波是随机、离散且无固定周期的。因此，可根据扰动的时间间隔来判断是否为绝缘故障，利用扰动产生的行波幅值大小和时间间隔来判定预警程度。多分析法消除干扰识别隐患如图 3-23 所示。

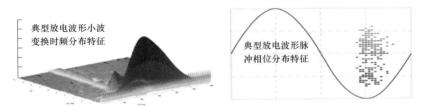

图 3-23　多分析法消除干扰识别隐患

（4）隐患预警。基于连续监测和干扰识别后对放电行波的监测及分析，通过双端行波定位方法，利用线路两端同一时刻的放电行波进行精确定位。通过每日线路两侧行波监测装置采集到的放电行波数量，绘制风险杆塔放电随时间变化曲线，形成基于时间的隐患放电分布规律，结合空间趋势与时间趋势相结合的方式进行综合研判，并结合线路档距台账等基本信息，实现隐患预警。隐患预警定位如图 3-24 所示。

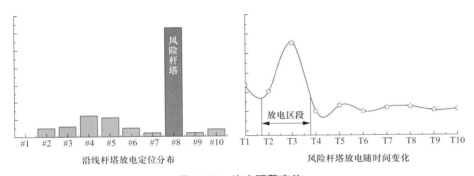

图 3-24　隐患预警定位

四、性能优势介绍

（1）一体化结构，安装便捷，行波测距装置采用一体化工业结构设计，是集采集、通信、电源一体化的产品结构，无汇集单元，可带电安装，对配电线路中常见的高阻接地故障和瞬时性接地故障均能进行准确定位。

（2）选线可靠性高，无须进行站内改造，只需将设备直接安装在每条馈线出口架空线路上，安装方便，测量精度高，可解决高阻接地选线问题，不受中性点接地方式的影响，适用范围广，故障排查准确率与效率高，可避免人工拉路造成非故障线路的短时停电问题。

（3）应用范围广，全线布置配网行波故障预警与定位装置，可实现对线路的全方位保驾护航。一当线路存在隐患放电时，装置能通过综合数据准确判断隐患类型，并实现隐患放电精确定位，防患于未然，有效减少配电线路隐患点，提高配电线路绝缘水平，保证配电线路安全稳定运行。二当线路发生故障时，装置能辨识故障类型并准确定位故障点，全自动发出故障信息，指导运维抢修，有效缩小巡线范围，提升运检效率，大幅减少停电时间，提高配电线路供电可靠性。

（4）定位精度高，相比传统故障指示器只能进行区间定位功能，需要人工逐基杆塔排查巡线，费时费力，行波测距装置可进行精确定位，精度 ±200m，有效缩小巡线范围，提升运检效率。

（5）响应速度快。

相比传统变电站选线装置，减少部门间配合环节，信息直接反馈到使用部门，故障响应速度更高效。

第四章 馈线自动化方案选择

根据国家电网有限公司"十四五"配电自动化建设应用要求，全面支撑配电网新型电力系统建设，提升配电网智能化水平，助力浙江电网高质量发展，需标准化开展配电终端建设，推进配电自动化建设与应用协调发展。

浙江地处东南沿海又属丘陵地带，山地、平原、海岛等多种地形参杂其间，且各地配电网网架和自动化建设模式建设存在差异，导致配电自动化建设与应用成效不够突出。为明确配电网新型电力系统建设原则，提升配电自动化应用成效，根据 A+、A、B、C、D 五种不同类型的供电区域明确配电自动化建设与应用，须制定馈线自动化方案。

第一节 供电区域分类

在《配电网规划设计技术导则》中关于供电区域划分标准的基础上，对应制定基于可靠性水平要求的网格属性分类原则，同时考虑浙江实际情况，将网格属性划分为城市、城镇、农村三种类别和 A+、A、B、C、D 五种类型。各单位根据供电服务指挥系统中线路所属供电区域的属性进行差异化建设，如表 4-1 所示。

表 4-1　　　　　　　　　　网格属性分类表

地域类别	区域类型	行政级别			可靠性水平	
		省会城市计划单列市	地级市	县（县级市）	分类	户均停电时间
城市	A+	$\sigma \geqslant 30$	—	—	高可靠供电区	小于 5min
	A	市中心区或 $15 \leqslant \sigma < 30$	$\sigma \geqslant 15$	—	高可靠供电区	小于 10min

续表

地域类别	区域类型	行政级别			可靠性水平	
		省会城市 计划单列市	地级市	县 （县级市）	分类	户均停 电时间
城市	B	市区或 $6 \leqslant \sigma < 15$	市区或 $6 \leqslant \sigma < 15$	$\sigma \geqslant 6$	可靠供 电区	小于0.9h
城镇	C	城镇或 $1 \leqslant \sigma < 6$	城镇或 $1 \leqslant \sigma < 6$	城镇或 $1 \leqslant \sigma < 6$	可靠供 电区	小于3h
农村	D	农村或 $0.1 \leqslant \sigma < 1$	农村或 $0.1 \leqslant \sigma < 1$	农村或 $0.1 \leqslant \sigma < 1$	一般供 电区	小于6.1h

注　1. σ 为供电区域负荷密度（MW/km²）。

　　2. 供电区域面积一般不应小于5km²。

　　3. 计算负荷密度时，应扣除110kV专线负荷，以及山体、水域、森林等无效供电面积。

第二节　中压配电自动化建设原则

一、A+、A类供电区域建设原则

（一）A+、A类全电缆线路

1. 接线方式

以双环网接线为主，形成有效电源联络，线路满足 $N-1$ 要求，如图4-1所示。

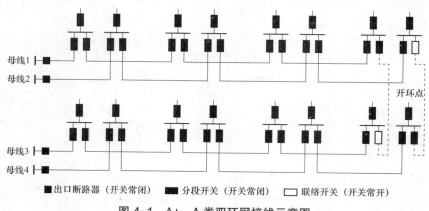

图4-1　A+、A类双环网接线示意图

2. 设备配置

（1）一、二次设备配置：线路上所有环网站点的进线间隔可配置断路器，出线间隔均应配置断路器。线路上所有环网站点均应安装DTU。进线间隔应实现"三遥"功能，出线间隔应至少实现"二遥"功能，有精准负荷控制需求的出线开关应实现"三遥"功能。

（2）通信配置：应采用光纤通信，当光纤无法覆盖时可选用无线通信方式过渡。

3. 馈线自动化配置

应投入全自动集中型馈线自动化功能，实现故障自动隔离和非故障区域自动恢复。对供电可靠性有特殊要求的地区、分布式能源渗透率高的传统保护和馈线自动化无法适应的地区，可进行智能分布型馈线自动化建设。

4. 保护配置

（1）全自动集中型馈线自动化线路保护配置：主干线环网站点进线间隔保护应退出，出线间隔应配置过流保护与变电站出线开关、变压器熔丝形成级差配合，实现支线故障就地隔离，保护动作信号须传输至DTU。

（2）智能分布型馈线自动化线路保护配置：主干线环网站点的进线间隔应配置差动保护，包括纵差保护、简易母差保护。出线间隔应配置Ⅱ、Ⅲ段过流保护。另外，各间隔还需配置断路器失灵保护、小电流接地选线功能和分段备自投功能。

（二）A+、A类全架空线路

1. 接线方式

以多分段适度联络接线方式为主，形成有效电源联络。分段需合理，无首段联络，无同杆架设联络，线路满足$N-1$要求，如图4-2所示。

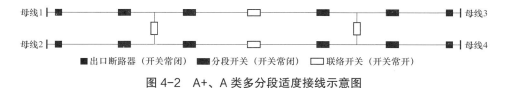

图4-2　A+、A类多分段适度接线示意图

2. 设备配置

（1）一、二次设备配置。

1）架空主线：分段开关、联络开关应安装"三遥"智能开关。出线1号杆可安装普通开关，并在出线首端（2～10号杆处）安装故障指示器。主干线每

51

个分段内可安装 1 套故障指示器。

2）架空一级支线：1 号杆应安装"二遥"智能开关，有精准负荷控制需求的支线首端应安装"三遥"智能开关。支线上可适当安装故障指示器，宜每 200～500m 安装 1 套故障指示器。

（2）通信配置：应采用无线通信。

3. 馈线自动化配置

应投入全自动集中型馈线自动化功能，实现故障自动隔离和非故障区域自动恢复。对供电可靠性有特殊要求的地区、分布式能源渗透率高的传统保护和馈线自动化无法适应的地区，可进行智能分布型馈线自动化建设。

4. 保护配置

（1）全自动集中型馈线自动化线路保护配置。

1）架空主线开关：过流保护、重合闸应退出，接地保护投信。

2）架空一级支线开关：启用过流保护和重合闸功能，与变电站出线开关、变压器熔丝形成级差配合，不接地系统接地保护可投跳，经消弧线圈接地系统接地保护投信。

（2）智能分布型馈线自动化线路保护配置：主干线差动开关投入线路差动保护自愈功能；主干线其他开关退出过流保护。分支线开关投入过流保护，与主干线差动保护、变电站出线开关、配电变压器熔丝形成级差配合。

（三）A+、A 类混合线路

1. 接线方式

A+、A 类区域电缆化率较高，混合线路一般以电缆线路为主。电缆线路部分应参照双环网方式，架空线路应参照多分段适度联络方式，线路满足 $N-1$ 要求，如图 4-3 所示。

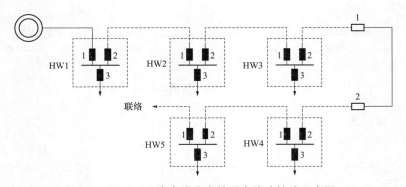

图 4-3　A+、A 类电缆为主的混合线路接线示意图

2. 设备配置

（1）一、二次设备。

1）电缆部分：线路上所有环网站点的进线间隔可配置断路器，出线间隔均应配置断路器。线路上所有环网站点均应安装DTU。进线间隔应实现"三遥"功能，出线间隔应至少实现"二遥"功能，有精准负荷控制需求的出线开关应配置"三遥"功能。

2）架空部分：主干线分段开关、联络开关应安装"三遥"智能开关。一级支线1号杆应安装"二遥"智能开关，有精准负荷控制需求的支线首端应安装"三遥"智能开关。支线上可适当安装故障指示器，宜每200～500m安装1套故障指示器。

3）电缆与架空连接处应至少安装故障指示器，实现监测功能。

（2）通信设备：电缆部分应采用光纤通信，当光纤无法覆盖时可选用无线通信方式过渡。架空部分应采用无线通信。

3. 馈线自动化配置

应投入全自动集中型馈线自动化功能。对供电可靠性有特殊要求的地区、分布式能源渗透率高的传统保护和馈线自动化无法适应的地区，可进行智能分布型馈线自动化建设。

4. 保护配置

（1）全自动集中型馈线自动化线路保护配置。

1）电缆部分：进线间隔保护应退出，出线间隔应配置过流保护，实现支线故障就地隔离，保护动作信号传输至DTU。变电站出线间隔与站点支线间隔保护实现级差配合。

2）架空部分：主干线开关过流保护、重合闸应退出，接地保护投信。支线开关应投入过流保护和重合闸功能，与变电站出线开关、变压器熔丝形成级差配合。不接地系统接地保护可投跳，经消弧线圈接地系统接地保护投信。

（2）智能分布型馈线自动化线路保护配置。

1）电缆部分：主干线环网站点的进线间隔应配置差动保护，包括纵差保护、简易母差保护。出线间隔应配置Ⅱ段、Ⅲ段过流保护。另外，各间隔还需配置断路器失灵保护、小电流接地选线功能和分段备自投功能。

2）架空部分：主干线差动开关投入线路差动保护自愈功能；主干线其他开关退出流保护。分支线开关投入过流保护，与主干线差动保护、变电站出线开关、配电变压器熔丝形成级差配合。

二、B 类供电区域建设原则

（一）B 类全电缆线路

1. 接线方式

以电缆单环网或双环网为主，形成有效电源联络，线路满足 N–1 要求，如图 4-4 所示。

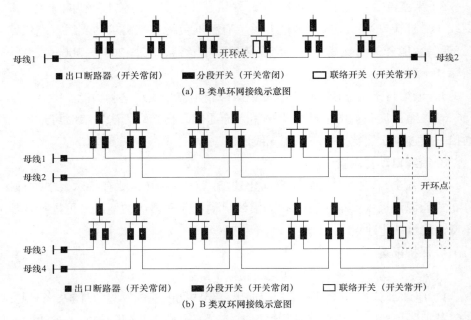

（a）B 类单环网接线示意图

（b）B 类双环网接线示意图

图 4-4　B 类单环网和双环网接线示意图

2. 设备配置

（1）一、二次设备配置：线路上所有环网站点的进线间隔可配置断路器，出线间隔均应配置断路器。线路上所有环网站点均应安装 DTU。进线间隔应实现"三遥"功能，出线间隔应至少实现"二遥"功能，有精准负荷控制需求的出线开关应配置"三遥"功能。

（2）通信配置：应采用光纤通信，当光纤无法覆盖时可选用无线通信方式过渡。

3. 馈线自动化配置

应投入全自动集中型馈线自动化功能。对供电可靠性有特殊要求的地区、分布式能源渗透率高的传统保护和馈线自动化无法适应的地区，可参考 A+、A

类区域进行智能分布型馈线自动化建设。

4. 保护配置

进线间隔保护应退出，出线间隔应配置过流保护，实现支线故障就地隔离，保护动作信号传输至 DTU。变电站出线间隔与站点支线间隔保护实现级差配合。

（二）B 类全架空线路

1. 接线方式

架空线路以多分段单联络及多分段适度联络接线方式为主，线路满足 $N-1$ 要求，如图 4-5 所示。

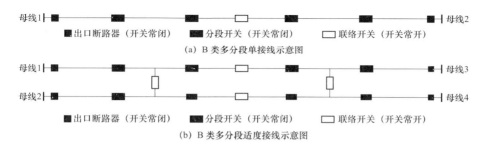

图 4-5　B 类多分段单联络及多分段适度联络接线示意图

2. 设备配置

（1）一、二次设备配置。

1）架空主线：分段、联络开关应安装"三遥"智能开关，出线 1 号杆可安装普通开关，并在出线首端（2 ～ 10 号杆处）安装故障指示器，主线每个分段可安装 1 套故障指示器。

2）架空一级支线：1 号杆应安装"二遥"智能开关，有精准负荷控制需求的分支线开关应配置"三遥"智能开关。支线上可适当安装故障指示器，宜每 500 ～ 1000m 安装 1 套故障指示器。

（2）通信配置：应采用无线通信。

3. 馈线自动化配置

应投入全自动集中型馈线自动化功能。对供电可靠性有特殊要求的地区、分布式能源渗透率高的传统保护和馈线自动化无法适应的地区，可参考 A+、A 类区域进行智能分布型馈线自动化建设。

4. 保护配置

（1）架空主线开关：过流保护、重合闸应退出，过流告警投入，接地保护投信。

（2）架空一级支线开关：启用过流保护与变电站出线开关、变压器熔丝形成级差配合，投入重合闸功能，不接地系统接地保护可投跳，经消弧线圈接地系统接地保护投信。

（三）B 类混合线路

1. 接线方式

B 类区域混合线路以电缆化程度划分为以电缆为主线路和以架空线为主线路两种类型，分别采用如图 4-6 所示接线方式，线路满足 $N-1$ 要求。

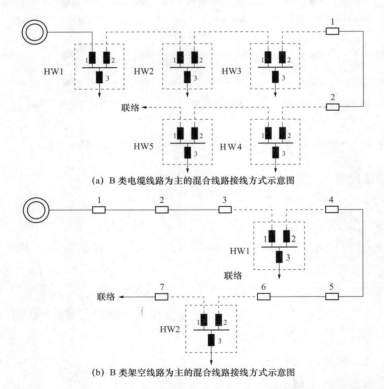

(a) B 类电缆线路为主的混合线路接线方式示意图

(b) B 类架空线路为主的混合线路接线方式示意图

图 4-6　B 类以电缆为主和以架空线为主的两种混合线路接线方式示意图

2. 设备配置

（1）一、二次设备配置。

1）电缆部分：线路上所有环网站点的进线应配置负荷开关，出线间隔应配置断路器。线路上所有环网站点均应安装 DTU。进线间隔均应实现"三遥"功能，出线间隔应至少实现"二遥"功能，有精准负荷控制需求的出线开关应配置"三遥"功能。

2）架空部分：主线分段、联络开关应安装"三遥"智能开关，出线 1 号杆可安装普通开关，并在出线首端（2～10 号杆处）安装故障指示器，主线每个分段可安装 1 套故障指示器。一级支线 1 号杆应安装"二遥"智能开关，有精准负荷控制需求的分支线开关应配置"三遥"智能开关。支线上可适当安装故障指示器，宜每 500～1000m 安装 1 套故障指示器。

电缆与架空连接处应至少安装故障指示器，实现监测功能。

（2）通信配置：电缆部分应采用光纤通信，当光纤无法覆盖时可选用无线通信方式过渡。架空部分应采用无线通信。

3. 馈线自动化配置

应投入全自动集中型馈线自动化功能。对供电可靠性有特殊要求的地区、分布式能源渗透率高的传统保护和馈线自动化无法适应的地区，可参考 A+、A 类区域进行智能分布型馈线自动化建设。

4. 保护配置

（1）电缆部分：环网柜进线间隔保护退出，环网柜出线间隔配置过流保护，实现支线故障就地隔离，保护动作信号传输至 DTU。变电站出线间隔与站点支线间隔保护实现级差配合。

（2）架空部分。

1）架空主线开关：过流保护、重合闸应退出，过流告警投入，接地保护投信。

2）架空一级支线开关：启用过流保护，与变电站出线开关、变压器熔丝形成级差配合，投入重合闸功能，不接地系统接地保护可投跳，经消弧线圈接地系统接地保护投信。

三、C 类供电区域建设原则

（一）C 类全电缆线路

1. 接线方式

以电缆单环网为主，形成有效电源联络，线路满足 N–1 要求，如图 4–7 所示。

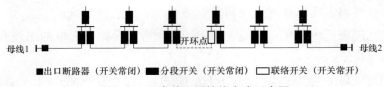

图 4-7　C 类单环网接线方式示意图

2. 设备配置

（1）一、二次设备配置：线路上所有环网站点的进线间隔应配置负荷开关，出线间隔均应配置断路器。主干线上所有环网站点均应安装 DTU。进线间隔应实现"三遥"功能，出线间隔可实现"二遥"功能，有精准负荷控制需求的出线开关应配置"三遥"功能。

（2）通信配置：应采用光纤通信，当光纤无法覆盖时可选用无线通信方式过渡。

3. 馈线自动化配置

应投入集中型馈线自动化功能。分布式能源渗透率高的传统保护和馈线自动化无法适应的地区，可参考 A+、A 类区域进行智能分布型馈线自动化建设。

4. 保护配置

进线间隔保护应退出，出线间隔应配置过流保护，实现支线故障就地隔离，保护动作信号传输至 DTU。变电站出线间隔与站点支线间隔保护实现级差配合。

（二）C 类全架空线路

1. 接线方式

以多分段单联络接线方式为主，线路满足 N–1 要求，如图 4-8 所示。

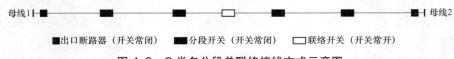

图 4-8　C 类多分段单联络接线方式示意图

2. 设备配置

（1）一、二次设备配置。

1）架空主线：分段、联络开关应安装"二遥"智能开关，每个分段可安装 1 套故障指示器。

2）架空一级支线：配变 3 台及以上且容量 1000kVA 及以上的一级支线 1

号杆应安装"二遥"智能开关。未达到"二遥"智能开关安装条件的一级支线，应安装带就地保护的普通开关或跌落式熔断器，且应在首端（2～10 号杆处）安装故障指示器。支线上宜每 500～1000m 安装 1 套故障指示器。

3）二级支线：二级支线首端（2～10 号杆）应安装故障指示器，后段视线路路径及地理环境实际情况而定，宜每 500～1000m 安装 1 套故障指示器。

4）水电、光伏等分布式电源分界点：安装"二遥"智能开关。

（2）通信配置：应采用无线通信。

3. 馈线自动化配置

应投入合闸速断型馈线自动化功能。对供电可靠性有特殊要求的地区可参照 B 类供电区域全架空线路建设原则，投入全自动集中型馈线自动化功能。分布式能源渗透率高的传统保护和馈线自动化无法适应的地区，可参考 A+、A 类区域进行智能分布型馈线自动化建设。

4. 保护配置

（1）主线开关：过流保护、重合闸应退出，过流告警投入，接地保护投信，合闸速断功能投入。

（2）一级支线开关："二遥"智能开关应启用过流保护与变电站出线开关、变压器熔丝形成级差配合，投入重合闸功能，不接地系统接地保护可投跳，经消弧线圈接地系统接地保护投信。普通开关应启用过流保护，速断时间设置 0s。跌落式熔断器需合理配置熔丝。

（3）水电、光伏等分布式电源分界点开关："二遥"智能开关应启用过流保护，退出重合闸功能。

（三）C 类混合线路

1. 接线方式

C 类供区混合线路多以架空线路为主，电缆线路部分应为单环网接线方式，架空线路部分应为多分段单联络接线方式，满足线路 N–1 要求，如图 4–9 所示。

2. 设备配置

（1）一、二次设备配置。

1）电缆部分：线路上所有环网站点的进线应配置负荷开关，出线间隔均应配置断路器。主干线上所有环网站点均应安装 DTU，出线间隔均应配置过流保护。进线间隔均应实现"三遥"功能，出线间隔可实现"二遥"功能，有精准负荷控制需求的出线开关应实现"三遥"功能。

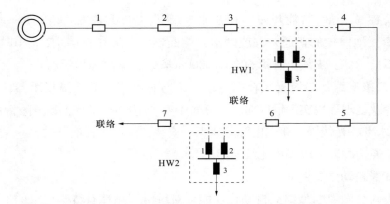

图 4-9　C 类以架空为主的混合线路接线示意图

2）架空线部分：架空主线分段、联络开关应安装普通开关，保护退出并配合安装故障指示器，主线每个分段可安装 1 套故障指示器。配变 3 台及以上且容量 1000kVA 及以上的一级支线 1 号杆应安装"二遥"智能开关，其余支线首端（2 ～ 10 号杆处）安装故障指示器，有精准负荷控制需求的支线首端可安装"三遥"智能开关。

电缆与架空连接处应至少安装故障指示器，实现监测功能。

（2）通信配置：电缆部分宜采用光纤通信，光纤无法覆盖时可采用无线通信方式过渡。架空部分应采用无线通信。

3. 馈线自动化配置

电缆线路部分投入集中型馈线自动化，架空线路部分以支线智能开关就地保护为主。对供电可靠性有特殊要求的地区可参照 B 类供电区域混合线路建设原则，投入全自动集中型馈线自动化功能。分布式能源渗透率高的传统保护和馈线自动化无法适应的地区，可参考 A+、A 类区域进行智能分布型馈线自动化建设。

4. 保护配置

（1）电缆线路部分：进线间隔保护应退出，出线间隔应配置过流保护，实现支线故障就地隔离，保护动作信号传输至 DTU。变电站出线间隔与站点支线间隔保护实现级差配合。

（2）架空线路主线开关：过流保护、重合闸应退出。

（3）架空线路一级支线开关："二遥"智能开关应启用过流保护，与变电站出线开关、变压器熔丝形成级差配合，投入重合闸功能，不接地系统接地保护可投跳，经消弧线圈接地系统接地保护投信。普通开关应启用过流保护，速断时间设置 0s。跌落式熔断器应合理配置熔丝。

四、D 类供电区域建设原则

（一）D 类全电缆线路

1. 接线方式

以电缆单环网为主，形成有效电源联络，线路满足 N–1 要求，如图 4-10 所示。

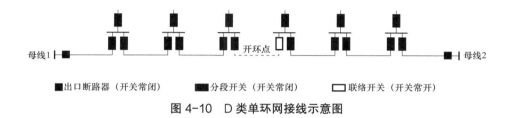

图 4-10　D 类单环网接线示意图

2. 设备配置

（1）一、二次设备配置：线路上所有环网站点的进线间隔均应配置负荷开关，出线间隔均应配置断路器。主干线上所有环网站点均应安装 DTU。进线间隔应实现"三遥"功能，出线间隔可实现"二遥"功能，有精准负荷控制需求的出线开关应配置"三遥"功能。

（2）通信配置：应采用光纤通信，当光纤无法覆盖时应选用无线通信方式过渡。

3. 馈线自动化配置

应投入集中型馈线自动化功能。分布式能源渗透率高的传统保护和馈线自动化无法适应的地区，可参考 A+、A 类区域进行智能分布型馈线自动化建设。

4. 保护配置

进线间隔保护应退出，出线间隔应配置过流保护，实现支线故障就地隔离，保护动作信号传输至 DTU。变电站出线间隔与站点支线间隔保护实现级差配合。

（二）D 类全架空线路

1. 接线方式

以多分段单联络接线方式为主，满足线路 N–1 要求，如图 4-11 所示。

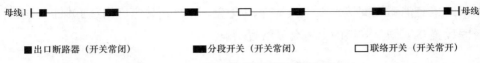

图 4-11　D 类多分段单联络接线示意图

2. 设备配置

（1）一、二次设备配置。

1）主干线：分段、联络开关应安装普通开关，但保护必须退出并配合安装故障指示器，每个分段开关可安装 1 套故障指示器。

2）一级支线：配变 3 台及以上且容量 1000kVA 及以上支线应安装"二遥"智能开关。未达到智能开关安装条件的一级支线，应安装带就地保护的普通开关或跌落式熔断器。未安装智能开关的一级支线原则上在支线首端（2～10 号杆处）安装故障指示器。支线上宜每 1000～2000m 安装 1 套故障指示器。

3）二级支线：二级支线首端应安装故障指示器，支线后段视线路路径及地理环境实际情况，宜每 1000～2000m 安装 1 套故障指示器。

4）水电、光伏等分布式电源分界点：安装"二遥"智能开关。

5）对于山区、海岛等偏远地区，可安装北斗智能开关，以满足"三遥"功能。

6）对于长度超过 20km 或故障频次较高、巡视难度较大的架空线路，可安装行波测距装置。行波测距装置宜每 3～5km 配置 1 套。已安装行波测距装置的线路不安装故障指示器，但可合理安装"二遥"智能开关，以提高故障就地隔离效率。

（2）通信配置：应采用无线通信。

3. 馈线自动化配置

应以分支线智能开关就地保护为主，对供电可靠性有特殊要求的地区可参照 C 类供电区域全架空线路建设原则，投入合闸速断型馈线自动化功能。分布式能源渗透率高的传统保护和馈线自动化无法适应的地区，可参考 A+、A 类区域进行智能分布型馈线自动化建设。

4. 保护配置

（1）主线开关：过流保护退出。

（2）一级支线开关："二遥"智能开关应启用过流保护，与变电站出线开关、变压器熔丝形成级差配合，投入重合闸功能，不接地系统接地保护可投跳，经消弧线圈接地系统接地保护投信。普通开关需启用过流保护，速断时间设置

0s。跌落式熔断器需合理配置熔丝。

（3）水电、光伏等分布式电源分界点开关："二遥"智能开关应启用过流保护，退出重合闸功能。

（三）D 类混合线路

1. 接线方式

D 类供区混合线路多以架空线路为主，电缆线路部分应为单环网接线方式，架空线路部分应为多分段单联络接线方式，如图 4-12 所示。

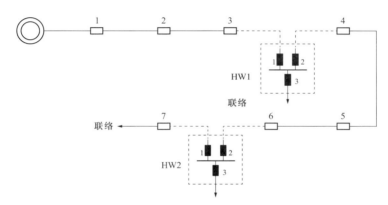

图 4-12　D 类以架空为主的混合线路接线示意图

2. 设备配置

（1）一、二次设备配置。

1）电缆部分：线路上所有环网站点的进线均应配置负荷开关，出线间隔均应配置断路器。主干线上所有环网站点均应安装 DTU。进线间隔均应实现"三遥"功能，出线间隔可实现"二遥"功能，有精准负荷控制需求的出线开关应配置"三遥"功能。

2）架空线部分：架空主线首端应安装故障指示器，主线每个分段可安装 1 套故指。在架空线大支线首端安装"二遥"智能开关，其余分支线需在支线首端安装 1 套故指，有精准负荷控制需求的分支线首端可配置"三遥"智能开关。

电缆与架空连接处应至少安装故障指示器，实现监测功能。

（2）通信配置：电缆部分应采用光纤通信，当光纤无法覆盖时可选用无线通信方式过渡。架空部分应采用无线通信。山区、海岛等偏远地区可采用北斗通信方式。

3. 馈线自动化配置

电缆线路部分投入集中型馈线自动化，架空线路部分以支线智能开关就地保护为主。分布式能源渗透率高的传统保护和馈线自动化无法适应的地区，可参考 A+、A 类区域进行智能分布型馈线自动化建设。

4. 保护配置

（1）电缆线路部分：进线间隔保护应退出，出线间隔应配置过流保护，实现支线故障就地隔离，保护动作信号传输至 DTU，DTU 将信号上送主站进行故障综合研判。变电站出线间隔与站点支线间隔保护实现级差配合。

（2）架空线路主线开关：过流保护、重合闸退出。

（3）架空线路一级支线开关："二遥"智能开关应启用过流保护，与变电站出线开关、变压器熔丝形成级差配合，投入重合闸功能，不接地系统接地保护可投跳，经消弧线圈接地系统接地保护投信。普通开关应启用过流保护，速断时间设置 0s。跌落式熔断器应合理配置熔丝。

第三节　中压线路配电自动化建设案例

一、A+、A 类供电区域建设案例

（一）A 类全电缆线路

1. 投入全自动集中型馈线自动化功能

（1）接线图：投入全自动化集中型馈线自动化的标准型双环网，分别由 110kV 华墟变的华鉴 4905 线、板湖 4924 线和 110kV 立新变新河 4317 线、立珠 4305 线供电，四条线路均为 A 类供电区域线路，如图 4-13 所示。

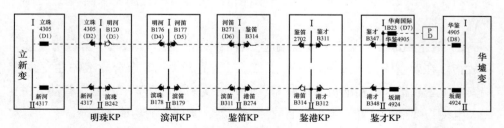

图 4-13　华鉴 4905 线、板湖 4924 线和新河 4317 线、立珠 4305 线接线示意图

（2）设备配置：该全自动 FA 双环网包含 5 个站点，分别为明珠开关站、

滨河开关站、鉴笛开关站、鉴港开关站、鉴才开关站，每个站点配置一台 DTU，通过光纤通信将"三遥"信息上传一区主站。环网站（柜）联络间隔开关类型为断路器或负荷开关，出线间隔为断路器，设备配置如表 4-2 所示。

表 4-2　华鉴 4905 线、板湖 4924 线和新河 4317 线、立珠 4305 线设备配置表

序号	站点名称	间隔名称	间隔类型	开关类型
1	明珠开关站	立珠 4305 开关	进线	负荷开关
2	明珠开关站	明河 120 开关	联络	负荷开关
3	明珠开关站	新河 4317 开关	进线	负荷开关
4	明珠开关站	滨珠 B242 开关	进线	负荷开关
5	滨河开关站	明河 B176 开关	进线	负荷开关
6	滨河开关站	河笛 B177 开关	进线	负荷开关
7	滨河开关站	滨珠 B178	进线	负荷开关
8	滨河开关站	滨笛 B179	进线	负荷开关
9	鉴笛开关站	河笛 B271	进线	负荷开关
10	鉴笛开关站	鉴笛 314	进线	负荷开关
11	鉴笛开关站	滨笛 311	进线	负荷开关
12	鉴笛开关站	港笛 B274	进线	负荷开关
13	鉴港开关站	鉴才 B311	进线	负荷开关
14	鉴港开关站	鉴笛 2702	进线	负荷开关
15	鉴港开关站	港才 B312	进线	负荷开关
16	鉴港开关站	港笛 B314	联络	负荷开关
17	鉴才开关站	华鉴 4905	进线	断路器
18	鉴才开关站	鉴才 B347	进线	负荷开关
19	鉴才开关站	板湖 4924	进线	断路器
20	鉴才开关站	港才 B348	进线	断路器
21	双环网所有站点的所有出线间隔为断路器			

（3）保护配置：线路上所有环网站点的进线、联络间隔均配置过流保护告警；所有出线间隔在 DTU 上配置过流保护告警，间隔保护装置上配置过流保护跳闸，保护配置如表 4-3 所示。

表 4-3　华鉴 4905 线、板湖 4924 线和新河 4317 线、立珠 4305 线保护配置表

序号	站点名称	间隔名称	间隔类型	遥控类型	保护配置定值	保护配置原则
1	明珠开关站	立珠 4305 开关	进线	"三遥"	过流保护信号，二次 7.5A/0.2s	
2	明珠开关站	明河 120 开关	联络	"三遥"	过流保护信号，二次 7.5A/0.2s	
3	明珠开关站	新河 4317 开关	进线	"三遥"	过流保护信号，二次 7.5A/0.2s	
4	明珠开关站	滨珠 B242 开关	进线	"三遥"	过流保护信号，二次 7.5A/0.2s	
5	滨河开关站	明河 B176	进线	"三遥"	过流保护信号，二次 7.5A/0.2s	
6	滨河开关站	河笛 B177	进线	"三遥"	过流保护信号，二次 7.5A/0.2s	
7	滨河开关站	滨珠 B178	进线	"三遥"	过流保护信号，二次 7.5A/0.2s	
8	滨河开关站	滨笛 B179	进线	"三遥"	过流保护信号，二次 7.5A/0.2s	DTU 的保护定值为 1.5 倍额定电流，投信号
9	鉴笛开关站	河笛 B271	进线	"三遥"	过流保护信号，二次 7.5A/0.2s	
10	鉴笛开关站	鉴笛 314	进线	"三遥"	过流保护信号，二次 7.5A/0.2s	
11	鉴笛开关站	滨笛 311	进线	"三遥"	过流保护信号，二次 7.5A/0.2s	
12	鉴笛开关站	港笛 B274	进线	"三遥"	过流保护信号，二次 7.5A/0.2s	
13	鉴港开关站	鉴才 B311	进线	"三遥"	过流保护信号，二次 7.5A/0.2s	
14	鉴港开关站	鉴笛 2702	进线	"三遥"	过流保护信号，二次 7.5A/0.2s	
15	鉴港开关站	港才 B312	进线	"三遥"	过流保护信号，二次 7.5A/0.2s	

续表

序号	站点名称	间隔名称	间隔类型	遥控类型	保护配置定值	保护配置原则
16	鉴港开关站	港笛 B314	联络	"三遥"	过流保护信号，二次 7.5A/0.2s	DTU 的保护定值为 1.5 倍额定电流，投信号
17	鉴才开关站	华鉴 4905	进线	"三遥"	过流保护信号，二次 7.5A/0.2s	
18	鉴才开关站	鉴才 B347	进线	"三遥"	过流保护信号，二次 7.5A/0.2s	
19	鉴才开关站	板湖 4924	进线	"三遥"	过流保护信号，二次 7.5A/0.2s	
20	鉴才开关站	港才 B348	进线	"三遥"	过流保护信号，二次 7.5A/0.2s	
举例	明珠开关站	福东 #1 配变开关	出线	"三遥"	DTU 过流保护信号，二次 7.5A/0.2s；出线间隔过流保护跳闸 7.5A/0.3s	DTU 的保护定值为 1.5 倍额定电流，投信号；所有出线间隔装置过流保护为 1.5 倍二次额定电流，投跳闸

（4）保护动作举例：图 4-14 所示为不同区段发生故障示意图，对应的保护动作情况如表 4-4 所示。

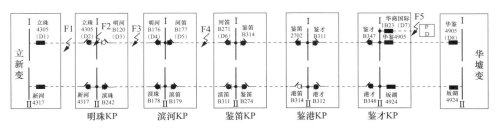

图 4-14 华鉴 4905 线、板湖 4924 线和新河 4317 线、立珠 4305 线
不同区段发生故障示意图

表 4-4　　　华鉴 4905 线、板湖 4924 线和新河 4317 线、立珠 4305 线
不同区段故障保护动作情况表

序号	故障点	故障类型	故障位置	保护动作过程	开关状态变化
1	F1	永久短路	主线	D1 开关保护跳闸，FA 启动，D2 自动分闸，D3 自动合闸	D1：合→分 D2：合→分 D3：分→合
2	F2	永久短路	母线	D1 开关保护跳闸，FA 启动，D2 自动分闸，D1 自动合闸	D1：合→分→合 D2：合→分
3	F3	永久短路	主线	D8 开关保护跳闸，FA 启动，D4 自动分闸，D8 自动合闸	D4：合→分 D8：合→分→合
4	F4	永久短路	主线	D8 开关保护跳闸，FA 启动，D5 自动分闸，D6 自动分闸，D8 自动合闸，D3 自动合闸	D5：合→分 D6：合→分 D8：合→分→合 D3：分→合
5	F5	永久短路	支线	D7 保护动作跳闸，FA 不启动	D7：合→分

2. 投入智能分布型馈线自动化功能

（1）接线图：布政变杉电 A474 线、仕港变集新 J169 线、云林变杉新 A950 线、云林变杉能 A938 线为 A 类供电区域线路，相关接线图如图 4-15 所示。

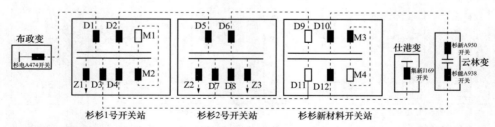

图 4-15　杉电 A474 线、集新 J169 线和杉新 A950 线、杉能 A938 线接线示意图

（2）设备配置：主干线站点杉杉 1 号开关站、杉杉 2 号开关站、杉杉新材料开关站所有间隔配置断路器柜，每个开关站配置两台智能分布式配电终端

（每段母线配置一台），所有间隔均实现"三遥"，通过光纤通信将各类信息上传一区主站。

（3）保护配置：主干线站点主线间隔均配置差动保护，出线间隔配置过流保护，保护配置如表 4-5 所示。

表 4-5　　　　　杉电 A474 线、集新 J169 线和杉新 A950 线、
杉能 A938 线保护配置表

序号	线路	站点名称	间隔名称	间隔类型	保护配置	保护定值	备注
1	杉电 A474 线	杉杉 1 号开关站	杉电 A474 线 G15（图为 D1）	主线	差动保护	差动速动定值，I_{CDSD} 固定取一次电流 900A 和 4 倍实测电容电流的大值，5ms；差动动作电流定值 I_{CDQD}，固定取一次电流 450A 和 1.5 倍实测电容电流的大值，30ms	$\begin{cases} I_{CD\phi} > 0.75 \times I_{ZD\phi} \\ I_{CD\phi} > I_{CDSD} \end{cases}$ ϕ=A,B,C $\begin{cases} I_{CD\phi} > 0.75 \times I_{ZD\phi} \\ I_{CD\phi} > I_{CDQD} \end{cases}$ ϕ=A,B,C
2	杉电 A474 线	杉杉 1 号开关站	杉联贰 AS319 线 G14（图为 D2）	主线	差动保护		
3	杉能 A938 线	杉杉 1 号开关站	2 号母分（图为 M1）	主线	差动保护		
4	杉电 A474 线	杉杉 1 号开关站	1 号母分（图为 M2）	主线	差动保护		
5	杉能 A938 线	杉杉 1 号开关站	杉能 A938 线 G01（图为 D3）	主线	差动保护		
6	杉能 A938 线	杉杉 1 号开关站	杉联壹 AS324 线 G02（图为 D4）	主线	差动保护		
7	杉能 A938 线	杉杉 1 号开关站	杉中 AS321 线 G06（图为 Z1）	支线	过流 II 段	601A，0s/339A，0.3s	按照后段 8 倍额定容量电流值整定 / 按照 3 倍的后段最大负荷电流整定

续表

序号	线路	站点名称	间隔名称	间隔类型	保护配置	保护定值	备注
8	杉电A474线	杉杉2号开关站	杉联贰AS319线G09（图为D5）	主线	差动保护	差动速动定值 I_{CDSD}，固定取一次电流900A和4倍实测电容电流的大值，5ms；差动动作电流定值 I_{CDQD}，固定取一次电流450A和1.5倍实测电容电流的大值，30ms	
9	杉电A474线	杉杉2号开关站	杉新AS249线G08（图为D6）	主线	差动保护		$\begin{cases} I_{CD\phi} > 0.75 \times I_{ZD\phi} \\ I_{CD\phi} > I_{CDSD} \end{cases}$ ϕ=A,B,C
10	杉能A938线	杉杉2号开关站	杉联壹AS324线G06（图为D7）	主线	差动保护		$\begin{cases} I_{CD\phi} > 0.75 \times I_{ZD\phi} \\ I_{CD\phi} > I_{CDQD} \end{cases}$ ϕ=A,B,C
11	杉能A938线	杉杉2号开关站	杉材AS250线G07（图为D8）	主线	差动保护		
12	杉能A938线	杉杉2号开关站	杉华AS352线G05（图为Z2）	支线	过流Ⅱ段/Ⅲ段	1053A，0s/606A，0.3s	按照后段8倍额定容量电流值整定/按照3倍的后段最大负荷电流整定
13	杉能A938线	杉杉2号开关站	杉神AS325线G03（图为Z3）	支线	过流Ⅱ段/Ⅲ段	185A，0s/126A，0.3s	按照后段8倍额定容量电流值整定/按照3倍的后段最大负荷电流整定
14	杉新A950线	杉杉新材料开关站	杉新AS249线G02（图为D9）	主线	差动保护	差动速动定值 I_{CDSD}，固定取一次电流900A和4倍实测电容电流的大值，5ms；	$\begin{cases} I_{CD\phi} > 0.75 \times I_{ZD\phi} \\ I_{CD\phi} > I_{CDSD} \end{cases}$ ϕ=A,B,C
15	杉新A950线	杉杉新材料开关站	杉新A950线G01（图为D10）	主线	差动保护		

续表

序号	线路	站点名称	间隔名称	间隔类型	保护配置	保护定值	备注
16	集新J169线	杉杉新材料开关站	杉材AS250线G13（图为D11）	主线	差动保护	差动动作电流定值I_{CDQD}，固定取一次电流450A和1.5倍实测电容电流的大值，30ms	$\begin{cases} I_{CD\phi} > 0.75 \times I_{ZD\phi} \\ I_{CD\phi} > I_{CDQD} \end{cases}$ ϕ=A,B,C
17	集新J169线	杉杉新材料开关站	集新J169线G14（图为D12）	主线	差动保护		
18	集新J169线	杉杉新材料开关站	1号母分（图为M3）	主线	差动保护		
19	杉新A950线	杉杉新材料开关站	2号母分（图为M4）	主线	差动保护		

（4）保护动作举例：图4–16所示为不同区段发生故障示意图，对应的保护动作情况如表4–6所示。

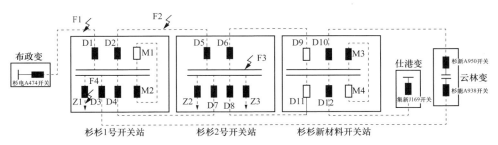

图4–16　杉电A474线、集新J169线和杉新A950线、杉能A938线
不同区段发生故障示意图

表4–6　　杉电A474线、集新J169线和杉新A950线、杉能A938线
不同区段故障保护动作情况表

序号	故障点	故障类型	故障位置	保护动作过程	开关状态变化
1	F1	永久短路	主线	布政变杉电A474开关过流跳闸，全线失电启动FA，D1跳闸，D9自愈合闸	布政变杉电A474开关：合→分 D1：合→分 D9：分→合

续表

序号	故障点	故障类型	故障位置	保护动作过程	开关状态变化
2	F2	永久短路	主线	D2、D5 差动保护启动跳闸，D9 自愈合闸	D2：合→分 D5：合→分 D9：分→合
3	F3	永久短路	母线	D5、D6 差动保护启动跳闸，分析无可转供负荷，自愈程序不动作	D5：合→分 D6：合→分
4	F4	永久短路	支线	Z1 过流保护动作跳闸，FA 不启动	Z1：合→分

（二）A 类全架空线路

1. 投入全自动集中型馈线自动化功能

（1）接线图：110kV 兴海变白峤 E994 线与 35kV 岩头变岩下 E053 线组成全自动 FA，线路联络如图 4-17 所示。

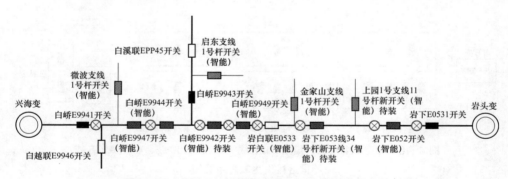

图 4-17　白峤 E994 线与岩下 E053 线接线示意图

（2）设备配置：主干线 FA 主通道（白峤 E9947 开关等 7 个开关）为"三遥"智能开关，通过无线通信将各类信息上传一区主站。线路首端开关白峤 E9941 开关、岩下 E0531 开关为普通开关；一级大分支首端开关为"二遥"智能开关，故障指示器安装在主线首端及各分段开关间，通过无线通信将各类信息上传四区主站，设备配置如表 4-7 所示。

表 4-7　　　　　　白峤 E994 线与岩下 E053 线设备配置表

序号	线路	杆号	设备名称	所处位置	开关类型
1	白峤 E994 线	1#	白峤 E9941 开关	主线	普通开关
2	白峤 E994 线	2#	故障指示器	主线	—
3	白峤 E994 线	12#	微波支线 1 号杆开关	支线	"二遥"开关
4	白峤 E994 线	13#	白峤 E9947 开关	主线	"三遥"开关
5	白峤 E994 线	30#	故障指示器	主线	—
6	白峤 E994 线	45#	故障指示器	主线	—
7	白峤 E994 线	68#	白峤 E9944 开关	主线	"三遥"开关
8	白峤 E994 线	白岩联线 1#	故障指示器	支线	—
9	白峤 E994 线	白岩联线 1#	白峤 E9942 开关	支线	"三遥"开关
10	白峤 E994 线	白岩联线 26#	白峤 E9949 开关	支线	"三遥"开关
11	白峤 E994 线	白岩联线 28#	故障指示器	支线	—
12	白峤 E994 线	95#	白峤 E9943 开关	主线	普通开关
13	白峤 E994 线	104#	启东支线 1 号杆开关	支线	"二遥"开关
14	白峤 E994 线	160#	白溪联 E9945 开关	主线	普通开关
15	岩下 E053 线	1#	岩下 E0531 开关	主线	普通开关
16	岩下 E053 线	1#	故障指示器	主线	—
17	岩下 E053 线	18#	岩下 E0532 开关	主线	"三遥"开关
18	岩下 E053 线	20#	故障指示器	主线	—
19	岩下 E053 线	33#	上园 1 号支线 1 号杆新装开关	支线	"二遥"开关
20	岩下 E053 线	34#	新装分段开关	主线	"三遥"开关
21	岩下 E053 线	34#	故障指示器	主线	—
22	岩下 E053 线	35#	金家山支线 1 号杆开关	支线	"二遥"开关
23	岩下 E053 线	76#	岩白联 E0533 开关	主线	"三遥"开关

（3）保护配置：普通开关保护退出；"三遥"智能开关投入过流告警、接地告警；"二遥"智能开关投入过流保护、接地告警，保护配置如表 4-8 所示。

表 4-8　　　　　　　　白峤 E994 线与岩下 E053 线保护配置表

序号	线路	杆号	设备名称	间隔类型	保护配置	保护定值	备注
1	白峤 E994 线	1#	白峤 E9941 开关	主线	退出	—	
2	白峤 E994 线	12#	微波支线 1 号杆开关	支线	过流Ⅱ段动作	600A，0.1s	实际按线路能够满足全线保护范围的电流值的 0.9 倍整定
3	白峤 E994 线	13#	白峤 E9947 开关	主线	过流Ⅱ段告警	600A，0.1s	参照本线路一级大分支整定值
4	白峤 E994 线	68#	白峤 E9944 开关	主线	过流Ⅱ段告警	600A，0.1s	参照本线路一级大分支整定值
5	白峤 E994 线	白岩联线 1#	白峤 E9942 开关	支线	过流Ⅱ段告警	600A，0.1s	参照本线路一级大分支整定值
6	白峤 E994 线	白岩联线 26#	白峤 E9949 开关	支线	过流Ⅱ段告警	600A，0.1s	参照本线路一级大分支整定值
7	白峤 E994 线	95#	白峤 E9943 开关	主线	退出	—	
8	白峤 E994 线	104#	启东支线 1 号杆开关	支线	过流Ⅱ段动作	600A，0.1s	实际按线路能够满足全线保护范围的电流值的 0.9 倍整定
9	白峤 E994 线	160#	白溪联 E9945 开关	主线	退出	—	
10	岩下 E053 线	1#	岩下 E0531 开关	主线	退出	—	
11	岩下 E053 线	18#	岩下 E0532 开关	主线	过流Ⅱ段告警	500A，0.1s	参照本线路一级大分支整定值
12	岩下 E053 线	33#	上园 1 号支线 1 号杆新装开关	支线	过流Ⅱ段动作	500A，0.1s	实际按线路能够满足全线保护范围的电流值的 0.9 倍整定

续表

序号	线路	杆号	设备名称	间隔类型	保护配置	保护定值	备注
13	岩下E053线	34#	新装分段开关	主线	过流Ⅱ段告警	500A，0.1s	参照本线路一级大分支整定值
14	岩下E053线	35#	金家山支线1号杆开关	支线	过流Ⅱ段动作	500A，0.1s	实际按线路能够满足全线保护范围的电流值的0.9倍整定
15	岩下E053线	76#	岩白联E0533开关	主线	过流Ⅱ段告警	500A，0.1s	参照本线路一级大分支整定值

（4）保护动作举例：图4-18所示为不同区段发生故障示意图，对应的保护动作情况如表4-9所示。

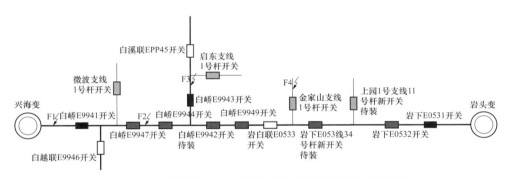

图4-18　白峤E994线与岩下E053线不同区段故障示意图

表4-9　　　　白峤E994线与岩下E053线不同区段故障保护动作情况表

序号	故障点	故障类型	故障位置	保护动作过程	开关状态变化
1	F1	永久短路	主线	兴海变白峤E994开关跳闸，FA启动，白峤E9947开关自动分闸；岩白联E0533开关自动合闸	兴海变白峤E994开关：合→分；白峤E9947开关：合→分；岩白联E0533开关：分→合

续表

序号	故障点	故障类型	故障位置	保护动作过程	开关状态变化
2	F2	永久短路	主线	兴海变白峤 E994 开关保护跳闸，FA 启动，白峤 E9947 开关自动分闸，白峤 E9944 开关自动分闸； 兴海变白峤 E994 开关自动合闸； 岩白联 E0533 开关自动合闸	兴海变白峤 E994 开关：合→分→合； 白峤 E9947 开关：合→分； 白峤 E9944 开关：合→分； 岩白联 E0533 开关：分→合
3	F3	永久短路	主线	兴海变白峤 E994 开关跳闸，FA 启动，白峤 E9944 开关自动分闸，白峤 E9942 开关自动分闸； 兴海变白峤 E994 开关自动合闸； 岩白联 E0533 开关自动合闸	兴海变白峤 E994 开关：合→分→合； 白峤 E9944 开关：合→分； 白峤 E9942 开关：合→分； 岩白联 E0533 开关：分→合
4	F4	永久短路	支线	金家山支线 1 号杆开关过流保护动作跳闸，FA 不启动。	金家山支线 1 号杆开关：合→分

2. 投入智能分布型馈线自动化功能

（1）接线图：碧湖变苑宝 270 线、万洋 A278 线形成环网线路，线路接线示意图如图 4-19 所示。

（2）设备配置：环内 9 台开关，选取 5 台主线开关将其更换为智能分布式配电终端，均实现"三遥"，支线开关为"二遥"智能开关。通信方式采用无线通信方式，智能分布式配电终端安装位置如图 4-20 所示。

苑宝 270 线、万洋 A278 线的智能设备分布如表 4-10 所示。

（3）保护配置：差动开关投入线路差动保护自愈功能，"三遥"智能开关投入过流告警，分支线配置过流保护功能，保护配置如表 4-11 所示。

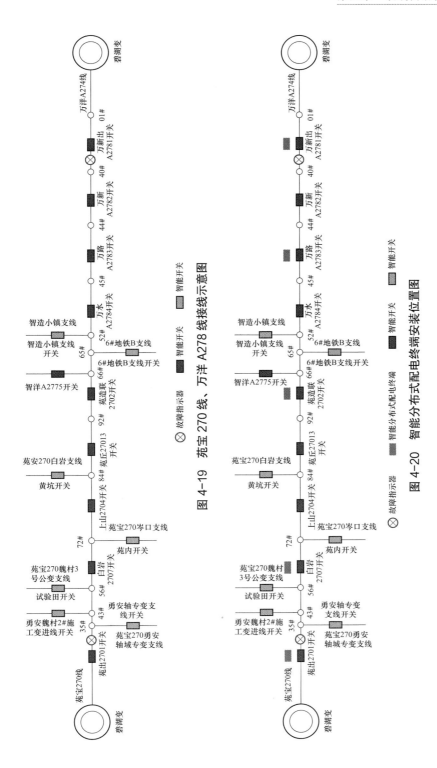

图 4-19　苑宝 270 线、万洋 A278 线接线示意图

图 4-20　智能分布式配电终端安装位置图

表 4-10 　　　　　苑宝 270 线、万洋 A278 线的智能设备分布表

序号	线路名称	杆号	开关名称	设备类型	所处位置	备注
1	苑宝 270 线	1#	苑出 2701 开关	差动开关	主线	"三遥"
2	苑宝 270 线	72#	白岩 2707 开关	差动开关	主线	"三遥"
3	苑宝 270 线	92#	苑造联 2702 开关	差动开关	主线	"三遥"
4	万洋 A278 线	44#	万路 A2783 开关	差动开关	主线	"三遥"
5	万洋 A278 线	01#	万洋出 A2781 开关	差动开关	主线	"三遥"
6	苑宝 270 线	43#	勇安魏村 2# 施工变进线开关	智能开关	支线	"二遥"
7	苑宝 270 线	魏村 3 号公变支线 1#	试验田开关	智能开关	支线	"二遥"
8	苑宝 270 线	岑口支线 07#	岑内开关	智能开关	支线	"二遥"
9	苑宝 270 线	80+1#	上山 2704 开关	智能开关	主线	"三遥"
10	苑宝 270 线	白岩支线 01#	黄坑开关	智能开关	支线	"二遥"
11	苑宝 270 线	91#	苑丘 27013 开关	智能开关	主线	"三遥"
12	智造 A277 线	66#	智洋 A2775 开关	智能开关	主线	"三遥"
13	万洋 A278 线	6# 地块 B 支线 02#	6# 地块 B 支线开关	智能开关	支线	"二遥"
14	万洋 A278 线	52#	智造小镇支线开关	智能开关	支线	"二遥"
15	万洋 A278 线	45#	万水 A2784 开关	智能开关	支线	"三遥"
16	万洋 A278 线	40#	万新 A2782 开关	智能开关	主线	"三遥"
17	万洋 A278 线	3#	3# 故指	故指	主线	"二遥"
18	苑宝 270 线	43#	43# 故指	故指	主线	"二遥"

表 4-11　　　　　　　苑宝 270 线、万洋 A278 线保护配置表

序号	线路名称	杆号	设备类型	所处位置	遥控类型	保护配置	保护定值	备注
1	苑宝270线	1#	智能开关	主线	"三遥"	差动保护	差动速动定值，固定取一次电流1800A和4倍实测电容电流的大值，5ms；差动动作电流定值，固定取一次电流900A和1.5倍实测电容电流的大值，30ms	1. 与变电站上级过流保护动作时间配合时间0.15s。2. 躲过支线负荷及支线多台配变空充电流取线路额定电流3倍，取1800A
2	苑宝270线	72#	智能开关	主线	"三遥"	差动保护		
3	苑宝270线	92#	智能开关	主线	"三遥"	差动保护		
4	万洋A278线	44#	智能开关	主线	"三遥"	差动保护		
5	万洋A278线	01#	智能开关	主线	"三遥"	差动保护		
6	苑宝270线	43#	智能开关	支线	"二遥"	过流Ⅱ动作	900A，0s；	1. 躲过单台大容量配变空充电流，取900A。配合主干线差动保护动作时间，取0s。2. 考虑台配变容量的3倍，取225A
						过流Ⅲ动作	225A，0.45s	
7	苑宝270线	魏村3号公变支线1#	智能开关	支线	"二遥"	过流Ⅱ动作	900A，0s；	
						过流Ⅲ动作	225A，0.45s	
8	苑宝270线	岑口支线07#	智能开关	支线	"二遥"	过流Ⅱ动作	900A，0s；	
						过流Ⅲ动作	225A，0.45s	
9	万洋A278线	6#地块B支线02#	智能开关	支线	"二遥"	过流Ⅱ动作	900A，0s；	
						过流Ⅲ动作	225A，0.45s	

续表

序号	线路名称	杆号	设备类型	所处位置	遥控类型	保护配置	保护定值	备注
10	万洋A278线	52#	智能开关	支线	"二遥"	过流Ⅱ动作	900A，0s；	
						过流Ⅲ动作	225A，0.45s	
11	苑宝270线	白岩支线01#	智能开关	支线	"二遥"	过流Ⅱ动作	900A，0s；	
						过流Ⅲ动作	225A，0.45s	
12	苑宝270线	80+1#	智能开关	主线	"三遥"	过流Ⅱ告警	900A，0s；	参照本线路一级大分支线整定
						过流Ⅲ告警	225A，0.45s	
13	苑宝270线	91#	智能开关	主线	"三遥"	过流Ⅱ告警	900A，0s；	参照本线路一级大分支线整定
						过流Ⅲ告警	225A，0.45s	
14	万洋A278线	45#	智能开关	主线	"三遥"	过流Ⅱ告警	900A，0s；	参照本线路一级大分支线整定
						过流Ⅲ告警	225A，0.45s	
15	万Ω A278线	40#	智能开关	主线	"三遥"	过流Ⅱ告警	900A，0s；	参照本线路一级大分支线整定
						过流Ⅲ告警	225A，0.45s	
16	智造A277线	66#	智能开关	主线	"三遥"	过流Ⅱ动作	900A，0s；	参照本线路一级大分支线整定
						过流Ⅲ动作	225A，0.45s	
17	万洋A278线	3#	故指	主线	"二遥"			

序号	线路名称	杆号	设备类型	所处位置	遥控类型	保护配置	保护定值	备注
18	苑宝270线	43#	故指	主线	"二遥"			

（4）保护动作举例：图4-21所示为不同区段发生故障示意图，对应的保护动作情况如表4-12所示。

表4-12　苑宝270线、万洋A278线不同区段故障保护动作情况表

故障点	故障位置	故障类型	保护动作过程	开关状态变化
F1	主线	永久性故障	碧湖变站内开关自动分闸；苑出2701开关无压跳闸动作；自动分闸；苑造联2702开关自动合闸	苑宝270线开关：合→分 苑出2701开关：合→分 苑造联2702开关：分→合
F2	主线	瞬时性故障	苑出2701开关纵联保护动作，苑出2701开关自动分闸；经延时重合闸动作，重合成功。白岩2707开关纵联保护动作，白岩2707开关自动分闸；经延时重合闸动作，重合成功	苑出2701开关：合→分→合 白岩2707开关：合→分→合
	支线	永久性故障	苑出2701开关纵联保护动作，苑出2701开关自动分闸；经延时重合闸动作，合于故障加速动作，并向白岩2707开关发信闭锁重合闸；白岩2707开关纵联保护动作，白岩2707开关自动分闸；收到苑出2701开关1闭重信号后，重合闸放电；苑造联2702开关自动合闸	苑出2701开关：合→分→合→分 白岩2707开关：合→分 苑造联2702开关：分→合，线路L1失电
F3	支线	永久性故障	智造小镇支线开关过流保护动作自动分闸	智造小镇支线开关：合→分

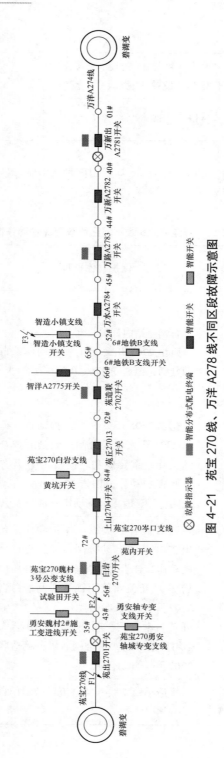

图 4-21 苑宝 270 线、万洋 A278 线不同区段故障示意图

二、B 类供电区域建设案例

（一）B 类全电缆线路

参考 A+、A 类供区全电缆线路，进行全自动集中型馈线自动化建设。

（二）B 类全架空线路

参考 A+、A 类全架空线路，进行全自动集中型馈线自动化建设。

（三）B 类混合线路

投入全自动集中型馈线自动化功能。

（1）接线图：明楼变迷雅 J495 线（混合线路）与徐戎变林家 N652 线（纯电缆线路）组成全自动 FA，接线如图 4-22 所示。

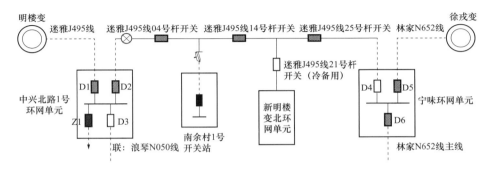

图 4-22　迷雅 J495 线与林家 N652 线接线示意图

（2）设备配置：主干线站点中兴北路 1 号环网单元、宁味环网单元均配置断路器柜，每个环网站点配置一台"三遥"DTU，通过光纤通信将各类信息上传一区主站；主干线分段开关均为"三遥"智能开关，通过无线通信将各类信息上传一区主站，设备配置如表 4-13 所示。

表 4-13　　　　　　　迷雅 J495 线与林家 N652 线设备配置表

序号	线路	站点名称 / 杆号	间隔名称	所处位置	开关类型
1	迷雅 J495 线	中兴北路 1 号环网单元	迷雅 J495 线 G01（图为 D1）	主线	"三遥"断路器
2	迷雅 J495 线	中兴北路 1 号环网单元	杆中 BE018 线 G05（图为 D2）	主线	"三遥"断路器

序号	线路	站点名称／杆号	间隔名称	所处位置	开关类型
3	迷雅 J495 线	中兴北路 1 号环网单元	中滨 BA818 线 G06（图为 D3）	主线	"三遥"断路器
4	迷雅 J495 线	中兴北路 1 号环网单元	迷雅尔制衣专变 G03（图为 Z1）	支线	"二遥"断路器
5	迷雅 J495 线	1#	故障指示器	主线	—
6	迷雅 J495 线	4#	迷雅 J495 线 04 号杆 5G 智能开关	主线	"三遥"开关
7	迷雅 J495 线	14#	迷雅 J495 线 14 号杆 5G 智能开关	主线	"三遥"开关
8	迷雅 J495 线	21# 侧	迷雅 J495 线 21 号杆 5G 智能开关	支线	"二遥"开关
9	迷雅 J495 线	25#	迷雅 J495 线 25 号杆 5G 智能开关	主线	"三遥"开关
10	迷雅 J495 线	宁味环网单元	杆宁 BH235 线 G02（图为 D4）	主线	"三遥"断路器
11	林家 N652 线	宁味环网单元	林家 N652 线 G05（图为 D5）	主线	"三遥"断路器
12	林家 N652 线	宁味环网单元	宁滩 BA907 线 G03（图为 D6）	主线	"三遥"断路器

（3）保护配置："三遥"断路器和"三遥"智能开关投入过流告警、接地告警；"二遥"断路器、"二遥"智能开关配置过流保护、接地告警，保护配置如表 4-14 所示。

表 4-14　　　　迷雅 J495 线与林家 N652 线保护配置表

序号	线路	站点名称／杆号	设备名称	所处位置	保护配置	保护定值	备注
1	迷雅 J495 线	中兴北路 1 号环网单元	迷雅 J495 线 G01（图为 D1）	主线	过流Ⅱ段告警	600A，0.1s	参照本线路一级大分支整定值

序号	线路	站点名称/杆号	设备名称	所处位置	保护配置	保护定值	备注
2	迷雅J495线	中兴北路1号环网单元	杆中BE018线G05（图为D2）	主线	过流Ⅱ段告警	600A，0.1s	参照本线路一级大分支整定值
3	迷雅J495线	中兴北路1号环网单元	中滨BA818线G06（图为D3）	主线	过流Ⅱ段告警	600A，0.1s	参照本线路一级大分支整定值
4	迷雅J495线	中兴北路1号环网单元	迷雅尔制衣专变G03（图为Z1）	支线	过流Ⅱ段动作	600A，0.1s	实际按线路能够满足全线保护范围的电流值的0.9倍整定
5	迷雅J495线	4#	迷雅J495线04号杆5G智能开关	主线	过流Ⅱ段告警	600A，0.1s	参照本线路一级大分支整定值
6	迷雅J495线	14#	迷雅J495线14号杆5G智能开关	主线	过流Ⅱ段告警	600A，0.1s	参照本线路一级大分支整定值
7	迷雅J495线	21#侧	迷雅J495线21号杆5G智能开关	支线	过流Ⅱ段告警	600A，0.1s	根据运行方式，该开关实际状态为冷备用
8	迷雅J495线	25#	迷雅J495线25号杆5G智能开关	主线	过流Ⅱ段告警	600A，0.1s	参照本线路一级大分支整定值
9	迷雅J495线	宁味环网单元	杆宁BH235线G02（图为D4）	主线	过流Ⅱ段告警	600A，0.1s	参照本线路一级大分支整定值
10	迷雅J495线	宁味环网单元	林家N652线G05（图为D5）	主线	过流Ⅱ段告警	600A，0.1s	参照本线路一级大分支整定值
11	迷雅J495线	宁味环网单元	宁滩BA907线G03（图为D6）	主线	过流Ⅱ段告警	600A，0.1s	参照本线路一级大分支整定值

（4）保护动作举例：图4-23所示为不同区段发生故障示意图，对应的保护动作情况如表4-15所示。

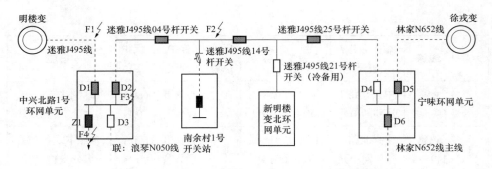

图 4-23　迷雅 J495 线与林家 N652 不同区段故障示意图

表 4-15　　　迷雅 J495 线与林家 N652 不同区段故障保护动作情况表

序号	故障点	故障类型	故障位置	保护动作过程	开关状态变化
1	F1	永久短路	主线	明楼变迷雅 J495 开关保护跳闸，FA 启动，D1 自动分闸； D4 自动合闸	明楼变迷雅 J495 开关：合→分； D1：合→分； D4：分→合
2	F2	永久短路	主线	明楼变迷雅 J495 开关跳闸，FA 启动，迷雅 J495 线 04 号杆开关及 14 号杆开关自动分闸； 明楼变迷雅 J495 开关自动合闸；D4 自动合闸	明楼变迷雅 J495 开关：合→分→合； 迷雅 J495 线 04 号杆开关：合→分； 迷雅 J495 线 14 号杆开关：合→分； D4：分→合
3	F3	永久短路	母线	明楼变迷雅 J495 开关跳闸，FA 启动，D1、D2 自动分闸； 明楼变迷雅 J495 开关自动合闸	明楼变迷雅 J495 开关：合→分→合； D1：合→分； D2：合→分
4	F4	永久短路	支线	Z1 过流保护动作跳闸，FA 不启动	Z1：合→分

三、C 类供电区域建设案例

（一）C 类全电缆线路

投入半自动集中型馈线自动化功能。

（1）接线图：投入半自动化集中型馈线自动化的电缆单环网，分别由 110kV 城关变的东站 A736 线和 110kV 香桥变大达 4414 线供电，两条线路均为 C 类供电区域线路，接线如图 4-24 所示。

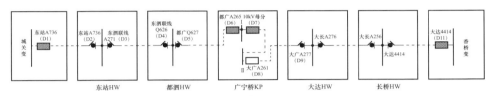

图 4-24　东站 A736 线与大达 4414 线接线示意图

（2）设备配置：该半自动 FA 单环网包含 5 个站点，分别为东站环网柜、都泗环网柜、广宁桥开关站、大达环网柜、长桥环网柜，每个站点配置一台 DTU，通过光纤通信将"三遥"信息上传一区主站。环网站（柜）进线、联络间隔开关类型为断路器或负荷开关，出线间隔为断路器，设备配置如表 4-16 所示。

表 4-16　　　　　　东站 A736 线与大达 4414 线设备配置表

序号	站点名称	间隔名称	间隔类型	开关类型
1	东站环网柜	东站 A736 开关	进线	负荷开关
2	东站环网柜	东泗联线 A271 开关	进线	负荷开关
3	都泗环网柜	东泗联线 Q626 开关	进线	负荷开关
4	都泗环网柜	都广 Q6275 开关	进线	负荷开关
5	广宁桥开关站	都广 A265 开关	进线	断路器
6	广宁桥开关站	10kV 母分开关	进线	断路器
7	广宁桥开关站	大广 A261 开关	联络	断路器

续表

序号	站点名称	间隔名称	间隔类型	开关类型
8	大达环网柜	大广 A277 开关	进线	负荷开关
9	大达环网柜	大长 A276 开关	进线	负荷开关
10	长桥环网柜	大长 A256 开关	进线	负荷开关
11	长桥环网柜	大达 4414 开关	进线	负荷开关
12	所有环网站（柜）出线间隔为断路器			

（3）保护配置：线路上所有环网站点的进线、联络间隔均配置过流保护告警；所有出线间隔在 DTU 上配置过流保护告警，间隔保护装置上配置过流保护跳闸，保护配置如表 4-17 所示。

表 4-17　　　　　　　东站 A736 线与大达 4414 线保护配置表

序号	站点名称	间隔名称	间隔类型	遥控类型	保护配置定值	保护配置原则
1	东站环网柜	东站 A736 开关	进线	"三遥"	过流保护信号，二次 7.5A/0.2s	
2	东站环网柜	东泗联线 A271 开关	进线	"三遥"	过流保护信号，二次 7.5A/0.2s	
3	都泗环网柜	东泗联线 Q626 开关	进线	"三遥"	过流保护信号，二次 7.5A/0.2s	
4	都泗环网柜	都广 Q6275 开关	进线	"三遥"	过流保护信号，二次 7.5A/0.2s	DTU 的保护定值为 1.5 倍额定电流，投信号
5	广宁桥开关站	都广 A265 开关	进线	"三遥"	过流保护信号，二次 7.5A/0.2s	
6	广宁桥开关站	10kV 母分开关	进线	"三遥"	过流保护信号，二次 7.5A/0.2s	
7	广宁桥开关站	大广 A261 开关	联络	"三遥"	过流保护信号，二次 7.5A/0.2s	
8	大达环网柜	大广 A277 开关	进线	"三遥"	过流保护信号，二次 7.5A/0.2s	

续表

序号	站点名称	间隔名称	间隔类型	遥控类型	保护配置定值	保护配置原则
9	大达环网柜	大长 A276 开关	进线	"三遥"	过流保护信号，二次 7.5A/0.2s	DTU 的保护定值为 1.5 倍额定电流，投信号
10	长桥环网柜	大长 A256 开关	进线	"三遥"	过流保护信号，二次 7.5A/0.2s	
11	长桥环网柜	大达 4414 开关	进线	"三遥"	过流保护信号，二次 7.5A/0.2s	
举例	广宁桥开关站	广八 #1 变 786 开关	出线	"三遥"	DTU 过流保护信号，二次 7.5A/0.2s；出线间隔过流保护跳闸 7.5A/0.3s	DTU 的保护定值为 1.5 倍额定电流，投信号；所有出线间隔装置过流保护为 1.5 倍二次额定电流，投跳闸

（4）保护动作举例：图 4-25 所示为不同区段发生故障示意图，对应的保护动作情况如表 4-18 所示。

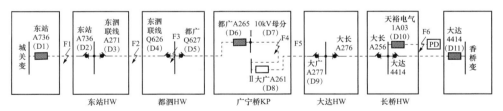

图 4-25　东站 A736 线与大达 4414 线不同区段故障示意图

表 4-18　　白峤 E994 线与岩下 E053 线不同区段故障保护动作情况表

序号	故障点	故障类型	故障位置	保护动作过程	开关状态变化
1	F1	永久短路	主线	D1 开关保护跳闸，FA 启动，主站提供控制策略，调控员根据策略遥控操作 D2 分闸、D8 合闸	D2：合→分 D8：分→合

续表

序号	故障点	故障类型	故障位置	保护动作过程	开关状态变化
2	F2	永久短路	主线	D1 开关保护跳闸，FA 启动，主站提供控制策略，调控员根据策略遥控操作 D3 分闸、D4 分闸、D1 合闸、D8 合闸	D1：合→分→合 D3：合→分 D4：合→分 D8：分→合
3	F3	永久短路	母线	D1 开关保护跳闸，FA 启动，主站提供控制策略，调控员根据策略遥控操作 D4 分闸、D5 分闸、D1 合闸、D8 合闸	D1：合→分→合 D4：合→分 D5：合→分 D8：分→合
4	F4	永久短路	母分	D1 开关保护跳闸，FA 启动，主站提供控制策略，调控员根据策略遥控操作 D7 分闸、D1 合闸	D1：合→分→合 D7：合→分
5	F5	永久短路	主线	D11 开关保护跳闸，FA 启动，主站提供控制策略，调控员根据策略遥控操作 D9 分闸、D11 合闸	D9：合→分 D11：合→分→合
6	F6	永久短路	支线	D10 开关保护跳闸，FA 不启动	D10：合→分

（二）C 类全架空线路

投入合闸速断型馈线自动化功能。

（1）接线图：九龙变大顺 126 线、渤海变大都 121 线属于 C 类供电区域，组成 FA 环网，接线如图 4-26 所示。

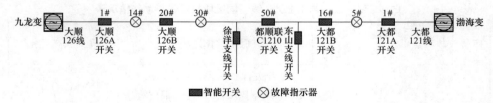

图 4-26　大顺 126 线与大都 121 线接线示意图

（2）设备配置：主线分段及联络开关安装"二遥"智能开关，通过无线通信将各类信息上传四区主站；一级大分支首端开关为"二遥"智能开关，故障指示器安装在主线各分段开关间，通过无线通信将各类信息上传四区主站，设备配置如表4-19所示。

表4-19　　　　　　　　大顺126线与大都121线设备配置表

序号	线路名称	杆号	设备名称	设备类型	所处位置	备注
1	大顺126线	1#	大顺126A开关	智能开关	主线	"二遥"
2	大顺126线	20#	大顺126B开关	智能开关	主线	"二遥"
3	大顺126线	50#	都顺联C1210开关	智能开关	主线	"二遥"
4	大都121线	1#	大都121A开关	智能开关	主线	"二遥"
5	大都121线	16#	大都121B开关	智能开关	主线	"二遥"
6	大都121线	东山支线1#	东山支线开关	智能开关	支线	"二遥"
7	大顺126线	徐洋支线1#	徐洋支线开关	智能开关	支线	"二遥"
8	大顺126线	14#	14#故指终端	故障指示器	主线	"二遥"
9	大顺126线	30#	30#故指终端	故障指示器	主线	"二遥"
10	大都121线	5#	5#故指终端	故障指示器	主线	"二遥"

（3）保护配置：主线"二遥"智能开关投入就地型合闸速断保护、接地告警；支线"二遥"开关投入过流保护、接地保护，保护配置如表4-20所示。

表4-20　　　　　　　　大顺126线与大都121线保护配置表

序号	线路	杆号	设备名称	所处位置	遥控类型	保护配置原则	保护定值	备注
1	大顺126线	1#	大顺126A开关	主线	二遥	就地型合闸速断保护投入	速断：910A，0s 过流：270A，0.2S X：5s Y：3s Z：1s	过流门限值=变电站Ⅲ段定值/1.1、保护时延0.2s；X时限（来压合闸延时）5s，Y时限（退出过流保护延时）3s，Z时限（失压分闸延时）1s（需小于站内开关重合闸延时）

续表

序号	线路	杆号	设备名称	所处位置	遥控类型	保护配置原则	保护定值	备注
2	大顺126线	20#	大顺126B开关	主线	二遥	就地型合闸速断保护投入	速断：910A，0s 过流：270A，0.2s X：5s Y：3s Z：1s	过流门限值=变电站Ⅲ段定值/1.1、保护时延0.2s；X时限（来压合闸延时）5s，Y时限（退出过流保护延时）3s，Z时限（失压分闸延时）1s（需小于站内开关重合闸延时）
3	大顺126线	50#	都顺联C1210开关	主线	二遥	就地型合闸速断保护投入	速断：910A，0s 过流：270A，0.2s XL：30s YL：10s ZL：5s	过流门限值=变电站Ⅲ段定值/1.1、保护时延0.2s；Y时限（退出过流保护延时）3s，XL时限（单侧失压来电合闸延时）设置（分段开关数×5+20）s，如：线路上有3个分段智能开关，则XL时限设置（5×3+20）=35s
4	大都121线	1#	大都121A开关	主线	二遥	就地型合闸速断保护投入	速断：910A，0s 过流：270A，0.2s X：5s Y：3s Z：1s	过流门限值=变电站Ⅲ段定值/1.1、保护时延0.2s；X时限（来压合闸延时）5s，Y时限（退出过流保护延时）3s，Z时限（失压分闸延时）1s（需小于站内开关重合闸延时）

续表

序号	线路	杆号	设备名称	所处位置	遥控类型	保护配置原则	保护定值	备注
5	大都121线	16#	大都121B开关	主线	二遥	就地型合闸速断保护投入	速断：910A，0s 过流：270A，0.2s X：5s Y：3s Z：1s	过流门限值=变电站Ⅲ段定值/1.1、保护时延0.2s；X时限（来压合闸延时）5s，Y时限（退出过流保护延时）3s，Z时限（失压分闸延时）1s（需小于站内开关重合闸延时）
6	大都121线	东山支线1#	东山支线开关	支线	二遥	过流保护投入	速断：910A，0s 过流：225A，0.6s	过流按照后段2.5倍额定容量电流值整定，速断按6倍，时间级差按0.1～0.3s考虑
7	大顺126线	徐洋支线1#	徐洋支线开关	支线	二遥	过流保护投入	速断：910A，200s 过流：225A，0.6s	过流按照后段2.5倍额定容量电流值整定，速断按6倍，时间级差按0.1～0.3s考虑

（4）保护动作举例：图4-27所示为不同区段发生故障示意图，对应的保护动作情况如表4-21所示。

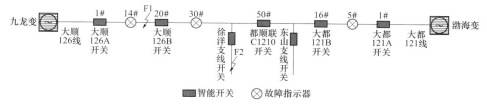

图4-27 大顺126线与大都121线不同区段故障示意图

表 4-21 　　　　大顺 126 线与大都 121 线不同区段故障保护动作情况表

序号	故障点	故障类型	故障位置	保护动作过程	开关状态变化
1	F1	瞬时短路	主线	九龙变站内开关保护跳闸，FA 启动，大顺 126A 开关自动分闸，大顺 126B 自动分闸；九龙变站内自动重合闸；大顺 126A 开关自动合闸，大顺 126B 开关自动合闸	九龙变站内开关：合→分→合；大顺 126A 开关：合→分→合；大顺 126B 开关：合→分→合
2	F1	永久短路	主线	九龙变站内开关跳闸；FA 启动，大顺 126A 开关自动分闸，大顺 126B 自动分闸；九龙变站内开关自动重合闸；大顺 126A 开关自动合闸，重合到故障点后大顺 126A 开关自动分闸；都顺联 C1210 开关自动合闸	九龙变站内开关：合→分→合；大顺 126A 开关：合→分→合→分；大顺 126B 开关：合→分；都顺联 C1210 开关：分→合
3	F2	瞬时短路	支线	徐洋支线开关过流保护动作，徐洋支线开关重合闸成功，FA 不启动	徐洋支线开关：合→分→合
4	F2	永久短路	支线	徐洋支线开关过流保护动作，徐洋支线开关重合闸不成功，FA 不启动	徐洋支线开关：合→分→合→分

四、D 类供电区域建设案例

（一）D 类全电缆线路

参考 C 类供电区域全电缆线路进行建设。

（二）D 类全架空线路

支线智能开关就地保护动作型。

（1）接线图：大际变潘宅 C216 线为 D 类供电区域线路，线路接线如图 4-28 所示。

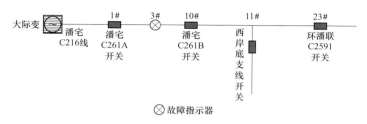

⊗ 故障指示器

图 4-28 潘宅 C216 线接线示意图

（2）设备配置：一级大分支首端开关为"二遥"智能开关，故障指示器安装在主线各分段开关间，通过无线通信将各类信息上传四区主站，设备配置如表 4-22 所示。

表 4-22 潘宅 C216 线设备配置表

序号	杆号	设备类型	所处位置	备注
1	潘宅 C216 线 1#	普通开关	主线	—
2	潘宅 C216 线 10#	普通开关	主线	—
3	潘宅 C216 线 23#	普通开关	主线	—
4	潘宅 C216 线 11# 西岸底支线开关	智能开关	支线	"二遥"
5	潘宅 C216 线 3#	故障指示器	主线	"二遥"

（3）保护配置：支线"二遥"智能开关投入过流保护和重合闸，接地保护投跳闸，保护配置如表 4-23 所示。

表 4-23 潘宅 C216 线保护配置表

序号	杆号	设备类型	所处位置	保护配置原则	保护定值	备注
1	潘宅 C216 线 11# 西岸底支线开关	智能开关	支线	过流保护投入	速断：900A，0.1s 过流：600A，0.3s	过流按照后段 2.5 倍额定容量电流值整定，速断按 6 倍，时间级差按 0.1～0.3s 考虑

（4）保护动作举例：图 4-29 所示为不同区段发生故障示意图，对应的保护动作情况如表 4-24 所示。

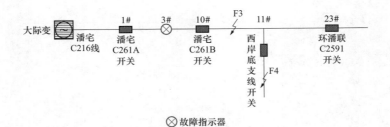

图 4-29　潘宅 C216 线不同区段故障示意图

表 4-24　　　　　　　白潘宅 C216 线不同区段故障保护动作情况表

序号	故障点	故障类型	故障位置	保护动作过程	开关状态变化
1	F3	瞬时短路	主线	大际变电站内开关跳闸，重合闸成功	站内开关：合→分→合
2	F3	永久短路	主线	大际变电站内开关跳闸，重合闸失败	站内开关：合→分→合→分
3	F4	瞬时短路	支线	西岸底支线开关过流保护动作，重合闸成功	西岸底支线开关：合→分→合
4	F4	永久短路	支线	西岸底支线开关过流保护动作，重合闸失败	西岸底支线开关：合→分→合→分

第五章 架空线路故障研判

第一节　短路故障研判

随着架空线路配电自动化的推进，由于部分区域架空线路主线开关的量子化遥控改造、合闸速断馈线自动化改造未能有效覆盖，部分分支开关（特别是单一分支、小分支）仍使用普通断路器、跌落式熔断器替代智能开关保护。在此类线路中使用级差式保护，一般为分支线首端断路器配置0s过流保护，可在主线中段加配一段保护与变电站10kV开关的保护形成级差。在线路发生短路故障时，一般动作开关为分支线首端断路器或主线的分段断路器，通过故障指示器（一般安装在断路器/跌落式熔断器的大号侧）的过流告警信息和配变的失电信息来综合判断故障点位置。

一、Ⅳ区主站故障研判及人工精准复核原理

（1）Ⅳ区主站停电区间判定原则：从跳闸开关开始往后为停电区间，在Ⅳ区主站的单线图上表现为红色；从跳闸开关开始往前为有电区间，在Ⅳ区主站的单线图上表现为白色，如图5-1所示。

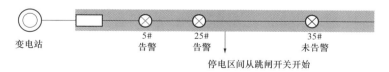

变电站　　　　　　　5#　　25#　　　　35#
　　　　　　　　　告警　告警　　　　未告警
　　　　　　　　停电区间从跳闸开关开始

图 5-1　停电区间判定示意图

（2）Ⅳ区主站故障区间判定原则：最后一个有告警信息自动化设备（25#杆故指）与第一个未告警设备（35#杆故指）之间为故障区间，在Ⅳ区主站的

单线图上表现为黄色，如图 5-2 所示。

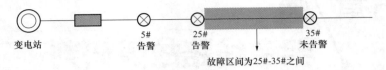

故障区间为25#-35#之间

图 5-2 故障区间判定示意图

（3）人工精准复核：为防止Ⅳ区主站自动研判的故障区间不准确或者仅有停电区间，人工需立即进行精准复核。

1）告警信息查询路径：实时监测—告警查询，如图 5-3 所示。

最后一个有告警的故指是故障区间开始的标识，第一个未告警的故指是故障区间结束的标识，因此有必要确认第一个未告警的故障指示器确实无短路告警信息（检查是否出现实际动作因系统原因未生成事件）。若研判时作为第一个未告警的设备，而故指实际有告警，则故障开始区间由原来的电杆后移至本故指所在电杆。在图 5-2 中，故障开始区间由 25# 杆变为 35# 杆。

图 5-3 告警查询界面图

2）采集器信息查询路径：实时监测 – 指示器采集数据，如图 5-4 所示。查看是否存在指示器无效情况。第一个未告警的故指是故障区间结束的标识，实际该故指无效，则故障区间结束杆号后移。

资源名称	数据时间	A相电流(A)	B相电流(A)	C相电流(A)	A相对地电场	B相对地电场	C相对地电场	A相接地电流基准	B相接
若星支线1#_线路	2023-05-17 16:00:00	无效	无效	无效	无效	无效	无效	无效	
若星支线1#_线路	2023-05-17 15:45:00	无效	无效	无效	无效	无效		无效	

图 5-4 指示器采集数据查询界面图

3）报文信息查看路径：实时监测 – 报文查询，如图 5-5 所示。查看是否存在设备掉线无通信情况。第一个未告警的故指是故障区间结束的标识。线路故障期间设备掉线，等同于故指无效，则故障区间结束杆号后移。

00115133	2023-05-17 14:15:53	上行	96	任务数据主动上送	68 2A2A688843570011335101313233...	GPRS	10.147.255.149:33073:T	10.137.248.137:10006
00115133	2023-05-17 14:15:52	上行	80	任务数据主动上送	68 22226888435700113351501011313233...	GPRS	10.147.255.149:33073:T	10.137.248.137:10006
00115133	2023-05-17 14:12:13	上行	20	登录	10C9435700113351F816	GPRS	10.147.255.149:3307...	10.137.248.137:10006
00115133	2023-05-17 09:03:08	上行	20	登录	10C9435700113351F816	GPRS	10.147.255.149:33073:T	10.137.248.137:10006
00115133	2023-05-17 08:48:09	上行	20	登录	10C9435700113351F816	GPRS	10.147.255.149:4706:T	10.137.248.179:10006

图 5-5 报文查询界面图

当出现指示器无效或设备掉线等情况时，应扩大故障区间判定范围，由原来的 25# ～ 35# 杆，扩大为 25# ～ 40# 杆，如图 5-6 所示。

图 5-6 故障区间扩大判定示意图

二、影响研判正确性的因素

（1）指示器无效。可能由于设备本身故障、指示器划走等原因造成，建议返厂维修。

（2）故指系统位置与现场不符。可能由于线路改造设备迁移、系统装接未区分大、小号侧等原因造成，建议现场核对。

（3）故指掉线无通信。可能由于运行年限较久电池不存电、SIM 卡停机、天线折断、模块损坏等原因造成，建议现场消缺。

（4）指示器 A/C 相装反。正常运行时异常不明显，故障时与其他故障指示器故障电流相位不同，建议核对线路图纸。

三、分支线短路故障研判典型案例

（1）故障现象：6 月 19 日 6 时 27 分，110kV 琅琊变沙畈 224 线水碓基支线 0 号开关跳闸，故障简图如图 5-7 所示。

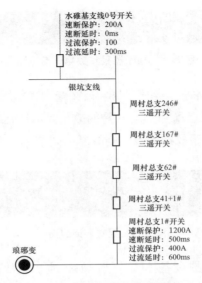

图 5-7　沙畈 224 线故障简图

（2）研判过程。故障研判界面如图 5-8 所示，图中显示以下信息：

1）"三遥"量子开关过流告警：4 台。

2）"二遥"开关保护跳闸动作：1 台。

3）配变停电：公变 5 台。

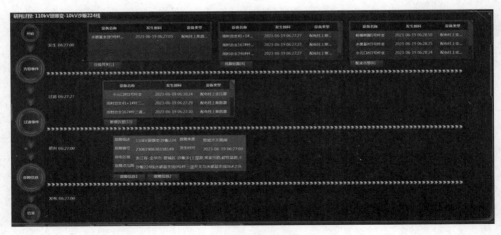

图 5-8　故障研判界面图

图 5-9 所示为参与研判告警设备清单。

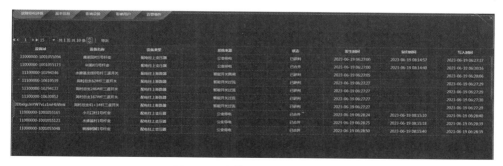

图 5-9　告警设备清单界面图

（3）研判结果：故障研判结果界面如图 5-10 所示。

1）停电范围：110kV 琅琊变沙畈 224 线水碓基支线 0 号"三遥"开关后段。

2）故障区域：沙畈 224 线水碓基支线 0 号杆"三遥"开关与水碓基支线 06# 之间。

图 5-10　故障研判结果界面图

四、主线后段短路故障研判典型案例

（1）故障现象：8 月 21 日 22 时 45 分，110kV 桃源变石柏 730 线金御花园开闭所（846）石柏 84611 负荷开关后段因雷击造成开关跳闸，故障简图如图 5-11 所示。

桃源变　3#故指　08#故指　11#故指　21#故指　32#故指　43#故指　45#故指　81#故指　86#故指

图 5-11　石柏 730 线故障简图

（2）研判过程。故障研判界面如图 5-12 所示，图中显示以下信息：

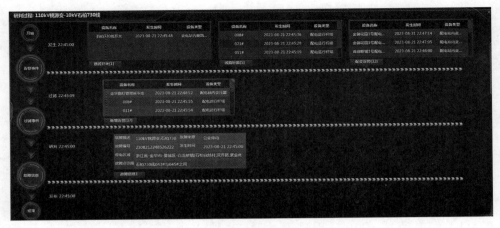

图 5-12　故障研判界面图

1）石柏 730 线站内开关跳闸重合不成功。

2）故障指示器短路动作：6 台。

3）配变停电：公变 10 台、专变 27 台。

图 5-13 为参与研判告警设备清单。

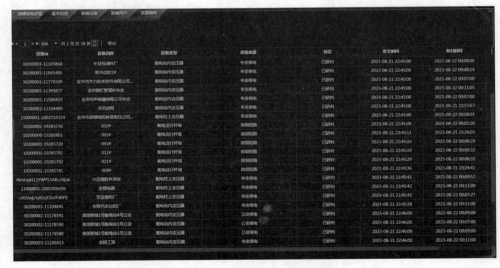

图 5-13　告警设备清单界面图

（3）研判结果：故障研判结果界面如图 5-14 所示。

1）停电范围：110kV 桃源变石柏 730 线金御花园开闭所（846）石柏84611 负荷开关后段。

2）故障区域：石柏730线043#与045#之间。

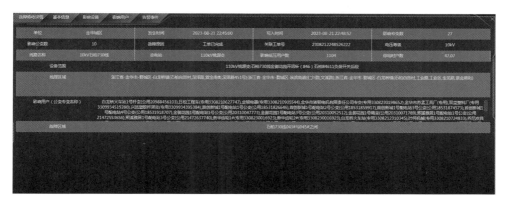

图 5-14 故障研判结果界面图

（4）四区系统配图路径：四区系统配图路径界面如图5-15所示。

1）路径：导航—运行分析—配网运行—配网故障研判。

图 5-15 四区系统配图路径界面图

2）停电故障栏：馈线停电、分线停电，如图5-16所示。

图 5-16　四区系统配图故障研判界面图一

3）非停电故障栏：线路过流（重合成功、瞬时故障），如图 5-16 所示。勾选线路，点击"研判过程"，如图 5-17 所示。

图 5-17　四区系统配图故障研判界面图二

（5）关注故障点范围：公变停电、专变停电、智能开关跳闸、故指短路推送至故障研判界面，如图 5-18 所示，研判过程如下。

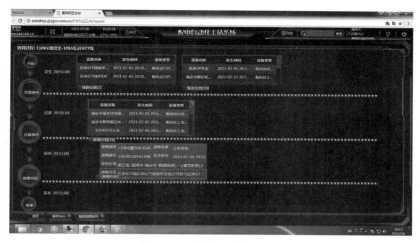

图 5-18　故障研判界面图一

第一步告警事件：故指短路、智能跳闸、配变停电事件。

第二步过滤：剔除重复上送、已复电配变，计划停电、临时停电（告警设备包含于计划停电、临时停电范围内则不研判）。

第三步研判：根据过滤后的停电变压器，研判结果返回的开关节点后段区域为"停电区域"；结合自动化设备（故指、开关）告警事件，生成"故障点范围"。

（6）单线图内查看故障停电范围、故障区域。在图 5-19 所示故障研判界面勾选需查看线路，点击"单线图"，显示图 5-20 所示单线图，从图上可查看故障停电范围和故障区域。

图 5-19　故障研判界面图二

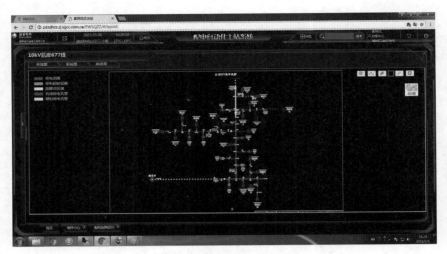

图 5-20 故障研判单线图

第二节 接地故障研判

随着架空线路配电自动化的推进，配电中压（10kV/20kV）线路上配置了大量的智能开关、故障指示器、小电流接地选线装置，其虽然提供了零序电流告警、相电流突变等功能，但由于配电网采用经消弧线圈接地系统，接地后稳态的测量值参考价值不大，并且接地暂态的测量值往往与接地电阻大小、接地时刻的相角、线路参数和电容电流大小等相关，导致单一的自动化设备无法通过定值准确进行接地告警和故障点位置研判，因此需要一套综合线路所有自动化设备信息的实时研判系统来进行故障研判。

一、接地综合研判原理

（一）电容电流的大小流向原理图

（1）线路 S1 简图如图 5-21 所示，由图上可见保护配置情况和故障指示器配置情况。

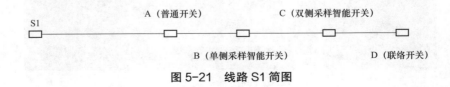

图 5-21 线路 S1 简图

（2）电容电流的经验值。

（3）故障指示器基准值定义和系统查看。

1）故障指示器接地基准定义：按照电流突变换算经验，实际电流为接地基准的 2 ～ 2.5 倍。

2）系统查看。在单线图中选中设备，右键弹出，点击"报文查询"，如图 5-22 所示。

报文类型：选择"告警遥测主动上行"。

点击"报文内容"，显示报文内容查询界面，如图 5-23 所示，可查看上送的告警遥测值，包括电流、对地电场、接地电流基准、负荷电流裸数。

图 5-22　告警遥测信息查询界面图一

图 5-23　报文内容查询界面图一

（4）智能开关零序电流报文定义和系统查看。

1）零序电流报文定义：零序电流整定值若为 80，那就是整定值 /10=8；故障时刻零序电流若为 0.16，则需要故障时刻零序电流 ×100=16。

2）零序电压报文定义：若零序电压整定值为 2000V，故障时刻零序电压若为 172，则需要故障时刻零序电压 ×100=17200。

3）系统查看。在单线图中选中设备，右键弹出，点击"报文查询"，如图 5-24 所示。

报文类型：选择"告警遥测主动上行"。

图 5-24　告警遥测信息查询界面图二

点击"报文内容"，显示报文内容查询界面，如图 5-25 所示，可查看上送的告警遥测值，包括 ABC 三相电压、零序电压、零序电流、夹角角度。

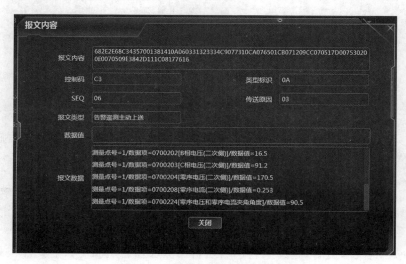

图 5-25　报文内容查询界面图二

二、接地综合研判典型案例

（一）低阻接地典型案例

（1）故障现象：2023 年 7 月 4 日 10 时 43 分，某公司德胜变新华 YJ30 线苏界 #2 变支线 #1 杆开关及闸刀（"二遥"）发生接地。

（2）故障原因：新华线苏街 2 号变 3# 杆基建变分支令克搭头线断裂引起。线路 S1 简图如图 5-26 所示，由图上可见保护配置情况和故障指示器配置情况。

（3）研判过程：通过报文内容查询界面（见图 5-27）、设备差异分析界面（见图 5-28）和开关接地情况查看界面（见图 5-29）进行研判。

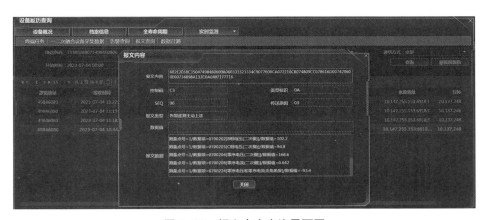

图 5-27　报文内容查询界面图

图 5-28　设备差异分析界面图

图 5-29　开关接地情况查看界面图

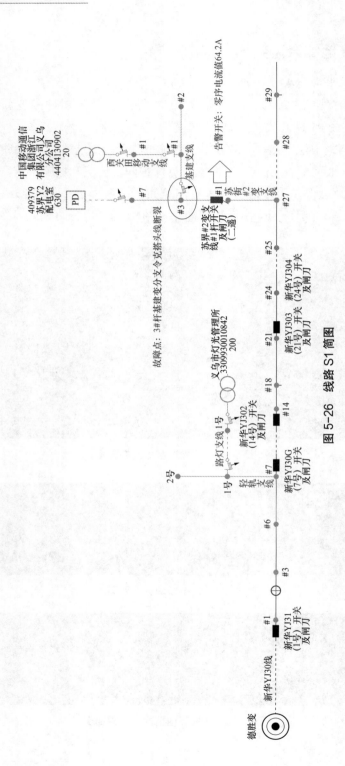

图 5-26　线路 S1 简图

（4）研判结果：通过研判结果查看界面获得研判结果，如图 5-30 所示。

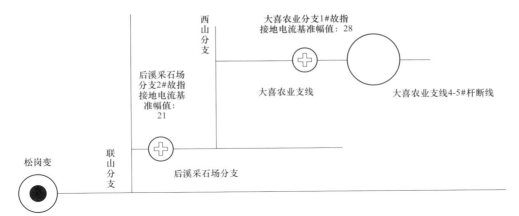

图 5-30 研判结果查看界面图

（二）高阻接地典型案例

（1）故障现象：东阳松岗变 2023/7/1 18:26:00 石马 D612 线大喜农业支线 4-5# 杆断线，主动拉开石马 D612 线西山支线 1 号杆"三遥"开关。

画图 / 保护配置情况 / 故障指示器配置情况如图 5-31 所示。

图 5-31 线路 S1 简图

（2）研判过程：图 5-32 为遥测上送告警设备的汇总图。

单位	供电所	变电站	线路名称	设备名称	报文接收时间	组别	负荷电流	对地电场	接地电流基准	之前接地电流基准	变化值
东阳供电公司	江北供电所	松岗变	石马D612线	石马D612线4#_线路终端	2023-07-01 18:26:47	C	205.0	110.0	36.0	0	39.0
东阳供电公司	江北供电所	松岗变	石马D612线	大喜农业分支线001#_线路终端	2023-07-01 18:27:25	A	95.0	86.0	28.0	0	28.0
东阳供电公司	江北供电所	松岗变	石马D612线	后溪采石场分支后溪采石场003#_线路终端	2023-07-01 18:26:45	A	102.0	317.0	24.0	3	21.0

(a)

图 5-32 遥测上送告警设备汇总图（一）

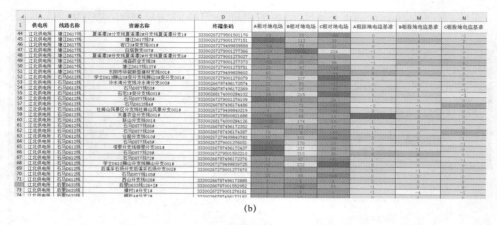

(b)

图 5-32　遥测上送告警设备汇总图（二）

（3）研判结果：四级分支：大喜农业分支线 001 号后段。

（三）小电流放大装置典型案例

（1）线路图例：画图 / 保护配置情况 / 故障指示器配置情况如图 5-33 所示。

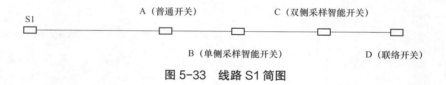

图 5-33　线路 S1 简图

（2）研判过程。

四区系统配图路径：

导航—数据管理—数据查询—批量数据查询界面图如图 5-34 所示。

导航—状态监测—事件实时监测—设备差异分析界面图如图 5-35 所示。

接地查询方法如下：

方法一：前两刻任务数据与故障后数据对比；缺点：受终端任务数据上送时长影响，结论较慢。

方法二：前两刻任务数据与终端批量召测数据对比；缺点：受终端信号影响，瞬时接地及后期分析较难区别。

方法三：前两刻任务数据与遥测报文值对比；缺点：自动化设备部分会漏送遥测报文，且报文提取、解析较耗时。

任务数据对比分析图如图 5-36 所示，任务数据与遥测报文值分析图如

图 5-37 所示。

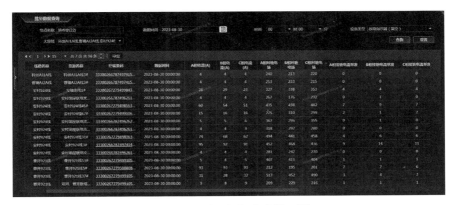

图 5-34 批量数据查询界面图

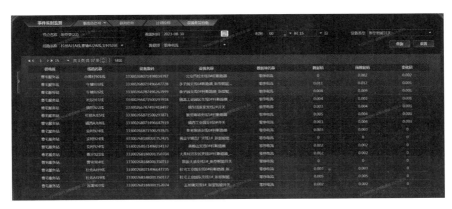

图 5-35 设备差异分析界面图

供电所	线路名称	资源名称	终端条码	A相对地电场	B相对地电场	C相对地电场	A相接地电流基准	B相接地电流基准	C相接地电流基准
金西供电所	石羊A951线	060#	33300267882000435257	0	57	62	0	0	0
金西供电所	石羊A951线	石羊中戴联络线64#	33300267279001261181	87	112	82	0	0	0
金西供电所	寺平A960线	寺平下伊联络线65#	33300267882000435660	60	70	104	0	0	0
金西供电所	寺平A960线	寺平下伊联络线25#	33300267279001261143	75	53	58	0	0	0
金西供电所	寺平A960线	戴家1#变支线9#	33300267887496259060	24	10	80	0	0	0
金西供电所	大茗A972线	大岩联络支线01#	33300267887497416226				-1	1	0
金西供电所	大茗A972线	大茗总支线186#	33300267001555465				-3	-2	-2
金西供电所	大茗A972线	竹家畈支线106#	33300267887497416202				-1	-1	-2
金西供电所	大茗A972线	大茗总支线248#	33300267887496258841				-2	-1	-2
金西供电所	大茗A972线	里金坞支线40#	33300267887497416219				-3	-1	-3
金西供电所	大茗A972线	大茗总支线169#	33300267887497416208				-3	-2	-2
金西供电所	大茗A972线	岭上支线68#	33300267882000435585	0	0	0	-3	-2	-2
金西供电所	大茗A972线	竹家畈支线123#	33300267887497416141				-3	-2	-3
金西供电所	大茗A972线	金鸡头电站支线42#	33300267887497415694				-3	-2	-2
金西供电所	大茗A972线	竹家畈支线002#	33300267887497415908	-139	-138	-133	-2	-1	-2
金西供电所	大茗A972线	岱上支线01#	33300267887497416790				-2	-1	-2
金西供电所	大茗A972线	大茗总支线085#	33300267887497416233	-140	-148		-2	-1	-2
金西供电所	大茗A972线	东坞珠宝珠岩矿场支线					-3	-2	-2
金西供电所	大茗A972线	岭上支线01#	33300267882000435660	47	-139	166	-3	-1	-3
金西供电所	大茗A972线	大茗总支线207#	33300267887497416769				-3	-2	-3
金西供电所	大茗A972线	东山脚支线01#	33300267887497416146				-3	-2	-3
金西供电所	大茗A972线	金坞支线01#	33300267887497416172				-3	-2	-3
金西供电所	大茗A972线	中甫支线01#	33300267887497415571	179	166	165	-3	-2	-3
金西供电所	大茗A972线	金鸡头电站支线06#	33300267887497415717				-3	-2	-3

图 5-36 任务数据对比分析图

供电所	变电站	线路名称	设备名称	零序电流限值	报文零序电流值	之前数据值	变化值
金西供电所	下潘变	中戴825线	中戴825线1#负荷开关_新型智能开关	8.0	18.7	0.6	18.1
金西供电所	下潘变	中戴825线	中戴825线98#杆开关_新型智能开关	8.0	16.3	0.4	15.9
金西供电所	下潘变	中戴825线	莘畈支线114#杆断路器_新型智能开关	6.0	12.9	0.3	12.6
金西供电所	下潘变	湖田824线	湖田虹戴联络线0#杆断路器_新型智能开关	8.0	6.5	0.3	6.2
金西供电所	下潘变	湖田824线	湖田虹戴联络线039#断路器_新型智能开关	8.0	6.5	0.3	6.2
金西供电所	下潘变	湖田824线	湖田虹戴联络线106#杆断路器_新型智能开关	8.0	5.4	0.3	5.1
金西供电所	下潘变	中戴825线	横路支线01#杆_新型智能开关	2.0	0.7	0.0	0.7
金西供电所	下潘变	中戴825线	石羊支线01#杆_新型智能开关	2.0	0.7	0.0	0.7
金西供电所	下潘变	经发A25C线	43#断路器_新型智能开关	2.0	0.8	0.2	0.6
金西供电所	下潘变	中戴825线	九峰茶场支线1#开关_新型智能开关	2.0	0.8	0.3	0.5
金西供电所	下潘变	中戴825线	下郑支线01#杆_新型智能开关	2.0	0.5	0.0	0.5
金西供电所	下潘变	长园826线	洪堪头支线12#_新型智能开关	2.0	0.4	0.0	0.4
金西供电所	下潘变	长园826线	东十村支线1#_新型智能开关	2.0	0.4	0.0	0.4
金西供电所	下潘变	长园826线	施世明沙石场支线断路器_新型智能开关	2.0	0.6	0.2	0.4
金西供电所	下潘变	中戴825线	中茗联线2#杆断路器_新型智能开关	8.0	0.3	0.0	0.3
金西供电所	下潘变	下肖829线	克钻特钢支线0#杆断路器_新型智能开关	2.0	0.4	0.2	0.2
金西供电所	下潘变	长园826线	西十村支线01#_新型智能开关	2.0	0.2	0.0	0.2
金西供电所	下潘变	山塘下A251线	广硕机电支线断路器_新型智能开关	2.0	0.5	0.3	0.2
金西供电所	下潘变	山塘下A251线	千竹畜禽支线0#杆断路器_新型智能开关	2.0	0.2	0.3	-0.1
金西供电所	下潘变	中戴825线	莘畈支线114#杆断路器_新型智能开关	6.0	0.0	0.3	-0.3

图 5-37　任务数据与遥测报文值分析图

第六章 应用实例

第一节 合闸速断馈线自动化

一、典型案例

（一）残压闭锁典型案例

1. 具体案例分析

图 6-1 为一残压闭锁 S1 线的简图。图中 10kV 线路 S1 为采用合闸速断馈线自动化功能线路，开关 B、C 投入合闸速断分段点功能，开关 A 为普通开关，开关 B 为单侧采样智能开关，开关 C 为双侧采样智能开关。

图 6-1 线路 S1 简图

10 日处置过程：

17:35 开关 A 跳闸，开关 B 和 C 均失压分闸，调度通知供电所带电巡线；

18:27 供电所发现开关 A 跳闸，调度发令合上开关 A，对线路进行试送（操作完成后开关 B 和 C 均未自动合闸）；

18:49 调度发令供电所合上开关 B（操作完成后开关 C 自动合闸）。

11 日处置过程：

00:50 开关 A 再次跳闸，开关 B 和 C 均失压分闸，调度通知供电所带电巡线；

02:00 调度发令合上开关 A，对线路进行试送（操作完成后开关 B 和 C 均未自动合闸）；

02:07 调度发令合上开关 B（操作完成后开关 C 未自动合闸）；

02:22 开关 A 第三次跳闸，开关 B 再次无压分闸；

02:25 调度发令合上开关 A；

02:37 调度发令合上开关 B（操作完成后开关 C 未自动合闸）；

02:45 调度发令合上开关 C；

03:02 开关 A 第四次跳闸（开关 B 和 C 均无压分闸）；

03:22 调度发令合上开关 A 和开关 B，开关 C 自动合闸成功。

多次故障暴露以下问题：

（1）开关 A 为普通开关且具备保护功能，未能及时发现并将该普通开关保护退出，不符合合闸速断馈线自动化功能投运要求。

（2）现场核查发现，开关 B 安装方向错误，引流线"下进上出"，且开关 B 为单侧 PT 智能开关，不符合合闸速断馈线自动化功能投运要求。

（3）厂家对开关 C 终端数据分析发现，第二次、第三次故障时，开关 C 用电侧瞬时加压闭锁。

图 6-2 为用电侧瞬时加压闭锁动作记录的界面图。

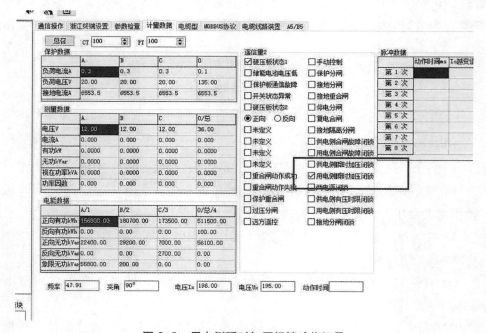

图 6-2　用电侧瞬时加压闭锁动作记录

2. 其他残压闭锁案例

动作情况：110kV S1 线保护动作，重合成功。导致甲、乙、丙三座 35kV 变电站投入合闸速断单辐射功能的智能开关失电分闸、得电合闸。经查，智能开关 A、B 得电合闸未动作。

分析：智能开关 A、B 本体为单侧采样型智能开关，智能终端（双侧采样型）负荷侧采样回路未短接，智能终端程序也未升级，电源侧来电时产生感应电压，导致智能开关双侧有压闭锁。

动作情况：S1 线过流Ⅲ段保护动作，开关跳闸，重合成功。开关 A 失电分闸，得电未合闸。

分析：厂家检查原因为负荷侧残压闭锁，开关 A 后段只有两个专变用户，无电站，判断为雷击导致。

3. 意见建议

（1）结合合闸速断案例，多次遇到残压闭锁［瞬时残压闭锁逻辑：若智能开关检测到任意故障侧出现瞬时电压（$30\text{ms} < T_{残压} < 400\text{ms}$）的情况时，进入瞬时残压闭锁状态，禁止逆向来电合闸。瞬时残压解锁逻辑：瞬时残压闭锁可通过恢复故障侧供电，经 X 时限（5s）解锁并合闸或通过开关合闸经延时 1s 解除］，后期核查确认残压并非线路上小电源产生，若为雷击产生的瞬时电压，则雷雨期间合闸速断的适用性还需讨论。目前选取部分雷区线路退出残压闭锁功能进行试点，不足之处是对侧线路多受一次短路冲击。

（2）主干线首台智能开关（不含同站联络）应安装单侧（电源侧）采样 PT；主干线分段和联络开关应安装双侧采样 PT 智能开关；主干线普通开关需退出保护跳闸功能，并及时更换双侧采样 PT 智能开关。

（二）合闸速断接地闭锁典型案例

1. 具体案例分析

图 6-3 为一合闸速断接地闭锁 S2 线的简图。

案例中线路动作过程、时间如下：

05-13 20:00:32 甲站 10kV Ⅱ段母线 A 相接地（研判发现 S1 线接地）；

05-13 20:02:48 甲站 S2 线过流Ⅱ段保护动作，开关跳闸，重合成功。开关 A 得电未合闸（开关 B 合闸速断功能退出）。

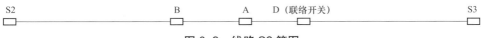

图 6-3 线路 S2 简图

由逻辑图可以看出，合闸速断功能的得电合闸逻辑为 A、B、C 三相电压均大于 1.5V，智能开关才会得电合闸。

图 6-4 为得电合闸功能逻辑图。图中 T_1 为有压持续时间；T_2 为无压持续时间。

来电合闸合于无故障：当智能开关检测到双侧失压后，经 Z 时限自动跳开开关。在停电时，且智能开关未处在闭锁状态，从一侧来电时，经 X 时限计时完毕启动合闸速断保护并合闸，合于非故障保持合闸。

来电合闸合于故障：当智能开关检测到双侧失压后，经 Z 时限自动跳开开关。在停电时，且智能开关未处在闭锁状态，从一侧来电时，经 X 时限计时完毕启动合闸速断保护并合闸，合于故障立刻启动合闸速断保护分闸并闭锁合闸。

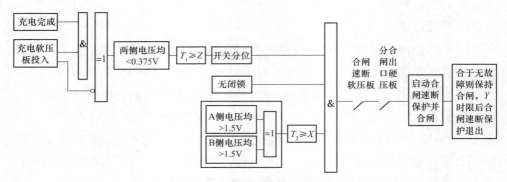

图 6-4　得电合闸功能逻辑图

目前投入合闸速断功能存在一个逻辑问题：投入合闸速断功能的 10kV 线路，当 10kV 母线已接地，主线开关跳闸且重合成功之后，主线智能开关的得电合闸功能不启动、联络开关 FA 功能自动放电，投入合闸速断功能的主线分段开关后段线路全部失电。

2. 意见建议

主干线智能开关启用合闸速断接地闭锁逻辑功能，确保接地时闭锁合闸速断功能。

（三）开关接地闭锁逻辑典型案例

1. 具体案例分析

图 6-5 为一开关接地闭锁 S1 线的简图。

案例中线路动作过程、时间如下：

06:21 S1 线过流 Ⅱ 段保护动作，重合成功，Ⅳ 区系统告警开关 A 后段停电；

06:28 对Ⅳ区系统检查发现合闸速断 FA 未动作，开关 A、开关 C、开关 D、开关 E 在分位；

06:30 指令对 S1 线进行带电巡线；

06:32 指令对开关 D 进行现场检查；

06:50 巡视发现开关 A 在断开位置，对开关检查未发现异常情况；

06:55 开关 A 由热备用改运行（6:58 操作完毕）；

06:58 S1 线过流Ⅱ段保护动作，开关跳闸，重合成功（合闸速断功能动作，开关 A 在合位，开关 C、开关 D 在分位，开关 E 未动作）；

07:06 检查发现开关 E 处热备用状态，开关检查无异常；

07:07 开关 E 由热备用改运行（7:13 操作完毕）；

07:20 现场告知故障点在开关 C、D 之间。

图 6-5　线路 S1 简图

动作过程复原如下（站内保测装置与智能开关对时不一致，存在时差）：

06:21:55，S1 线过流Ⅱ段动作，重合成功（站内）；

06:20:50，开关 A、开关 C、开关 D 均失压分闸，处于分位；

06:20:55，因站内重合成功，开关 A 启动来压合闸；

06:20:55，开关 A 跳闸，系统显示手动控制；

06:21:06，开关 A 来压合闸；

06:21:06，开关 A 跳闸，系统显示手动控制；

06:21:16，开关 A 来压合闸；

06:21:16，开关 A 跳闸，系统显示手动控制；

06:56:36，运行人员到达现场，手动合上开关 A；

06:56:42，开关 C 来压合闸；

06:58:13，S1 线过流Ⅱ段动作，重合成功（站内）；

06:57:08，开关 A，开关 C 失压分闸；

06:57:13，因站内重合成功，开关 A 启动来压合闸；

06:57:19，开关 C 来压合闸；

06:58:29，因合闸至故障点，开关 C 过流保护加速跳闸，开关 E 单侧失压合闸未启动。

经核查，开关 E 定值设定无误，现场压板状态正确，开关处在热备用状态。厂家导出的 SOE 事件分析，开关 E 在 S1 线跳闸动作前检测到 S1 线发生 A 相接地故障，触发开关 E（联络开关）接地闭锁，合闸速断 FA 功能自动放电，无法正常启动单侧失压合闸功能。在 S1 线跳闸后，因 S1 线一直无电压，开关 E 始终处于闭锁状态（联络开关充电条件为开关在分位、两侧电压均为正常值，并持续 YL 时间），故开关 E 动作符合当前逻辑，属于正确动作。

2. 意见建议

结合接地故障处置原则、流程，进一步探讨动作逻辑完整性。

（四）开关本体重合闸压板典型案例

1. 具体案例分析

图 6-6 为一开关本体重合闸压板 S1 线的简图。

案例中线路动作过程、时间如下：

12:17:03 S1 线过流 I 段保护动作，开关跳闸，重合成功；

12:17:13 S1 线过流 I 段保护动作，重合闸未动作（重合闸充电未完成）；

12:18 四区系统检查开关 D 处断开状态，合闸速断 FA 联络功能未启动。S1 线由热备用改运行，试送不成功；

12:19 指令对 S1 线进行带电巡线；

12:34 对 S1 线进行带电巡线发现 S1 线 12# 杆断线，现准备解开 12# 杆连引，隔离故障。

现场检查发现开关 D 本体重合闸压板未投，导致开关 D 未合闸，合闸速断 FA 联络功能未启动。

图 6-6　线路 S1 简图

2. 意见建议

运行部门排查投入全自动 FA 功能的联络开关，联络开关处热备用状态、已储能、本体重合闸硬压板投入。

要求运行部门严格按照典票格式正确填写操作票，并规范操作。

（五）通过联络开关反送电典型案例

1. 具体案例分析

（1）存在的问题。《合闸速断 FA 应用管理要求（试行）》中的运行风险点有一条"上级电源点故障，联络开关动作后 10kV 线路反充站内主变及上级故障点，且存在保护无法动作的风险"。当上级供电电源全失或者站内母线等设备故障，对侧供电的 10kV 线路通过联络开关反送电至变电站内甚至上级电源故障点。

（2）解决方案比较。

方案一：在需要投入合闸速断 FA 功能的 10kV 线路 1 号杆处，将安装的普通柱上开关更换为单侧采样型智能开关，电压采样端靠近变电站的电源侧。

方案二：厂家给出的解决措施，将双侧采样型智能开关的负荷侧二次电压短接。该项措施存在两个缺点：一是厂家将该型开关送电科院检测，并出具权威报告方可使用；二是将双侧采样的新型智能开关短接成单侧采样型智能开关，目前双侧采样智能开关缺额较大，该项措施资源浪费较多。

2. 意见建议

编制试验组织方案，投入合闸速断 FA 功能前尽可能进行现场试验，试验无问题方可投入。

建议尽量采用方案一，将单侧采样型智能开关安装在 10kV 线路 1 号杆处，已测试多次，单侧采样型智能开关的负荷侧得电均未合闸。当上级供电电源全失或者站内母线等设备故障导致 10kV 线路失电，合闸速断 FA 功能启动，联络开关合闸，主线双侧采样分段开关得电合闸，反送电至 1 号杆单侧采样型智能开关负荷侧，因负荷侧无电压采样，因此不会合闸反送电至变电站内。

（六）跨电压备自投典型案例

1. 具体案例分析

图 6-7 为一跨电压备自投站间接线图。图中甲为 35kV 变电站，单线供电。A ～ I 为变电站甲、乙、丙的 10kV 出线。相关线路通过 L1、L2、L3 三个联络开关已投入合闸速断 FA 功能，A、B、D、H、G、I 首端智能开关 S1 ～ S6 均为单侧采样智能开关，采样侧为电源侧。变电站甲与乙存在 30° 角差，变电站甲与丙相位相同。当加装 10kV 跨电压备自投解决变电站甲单线供电问题时，线路 A 和 H 构成跨电压备自投线路，开关 L1 处运行状态，线路 A 的站内开关处热备用。

变电站甲的 35kV 进线永久性故障发生后，跨电压备自投动作，线路 A 开关合闸，10kV 母线恢复供电。在 35kV 线路故障排除后，变电站甲恢复正常运行方式却会遇到诸多问题：恢复正常方式需要进行冷倒操作，线路 B 与 D 将会通过联络开关 L2、L4 转至对侧供电，线路 D 可热倒恢复，线路 B 仍需冷倒。

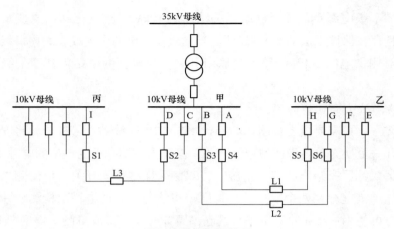

图 6-7 站间接线图

2. 意见建议

选取无角差的线路 I—线路 D 作为跨电压备自投优选线路，解决角差问题。

线路 D 首端智能开关退出合闸速断功能，处运行状态；投入合闸速断 FA 功能的联络开关（L1、L2）单侧失压合闸时间延长。

二、通用场景

合闸速断馈线自动化是指基于智能开关"失压分闸 + 来压延时重合闸"功能，配合站内馈线开关重合闸保护，以电压和时间为判据，依托终端设备自身动作逻辑，实现故障区域自动隔离和非故障区域自动复电。

综上所述，通用场景如下：

图 6-8 为多分段单联络接线简图，S1、S2 为多分段单联络线路，分属不同变电站 10kV 母线；A、B、C 为 S1 的主线分段开关；E、F、G 为 S2 的主线分段开关，且 A 与 S1 站内开关、G 与 S2 站内开关之间无用户；D 为 S1、S2 联络开关；H、J、M 为线路 S1 分支线首端开关；K、L 为线路 S2 分支线首端开关。

1. 标准接线方式要求

（1）线路 S1、S2 为架空多分段单联络或多分段适度联络（2～5 分段、1～2 联络），仅与对端 1 条联络线构成合闸速断馈线自动化；

（2）线路 S1、S2 具备 N–1 转供条件；

（3）线路 S1、S2 不存在首端或同杆双回等无效联络；

（4）线路 S1、S2 不存在大分支线路，原则上分支线挂接容量应小于 5000kVA，配变数量应小于 30 台；

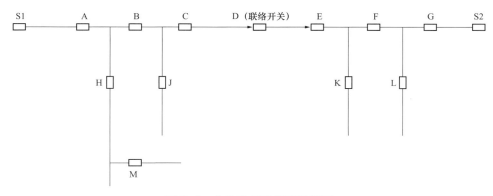

图 6-8　多分段单联络接线简图

（5）线路 S1、S2 主线分段合理，原则上每分段挂接容量 1600 ～ 5000kVA。

2. 合闸速断馈线自动化功能投入状态

线路 S1 的分段开关 A、B、C，线路 S2 的分段开关 E、F、G 处运行状态，智能开关本体安装位置电源侧（变电站侧）"上进"、负荷侧（线路侧）"下出"。

（1）开关本体。开关本体操作杆处于"远程"位置，分合闸指示处于"合"，重合闸压板处于"投"位置，开关刀闸合闸，且储能完成。如图 6-9 所示。

图 6-9　合闸速断分段点功能投入本体状态

（2）智能终端。智能终端保护硬压板旋钮打到中间档位，即远程遥控退出位置，实现终端保护硬压投入，远程遥控退出状态。如图 6-10 所示。

线路 S1 和线路 S2 的联络开关 D 处于热备用状态，智能开关本体安装位置电源侧（变电站侧）和负荷侧（线路侧）"上进""下出"均可。

（3）开关本体。开关本体操作杆处于"远程"位置，分合闸指示处于"分"，重合闸压板处于"投"位置，开关刀闸合闸，且储能完成。如图 6-11 所示。

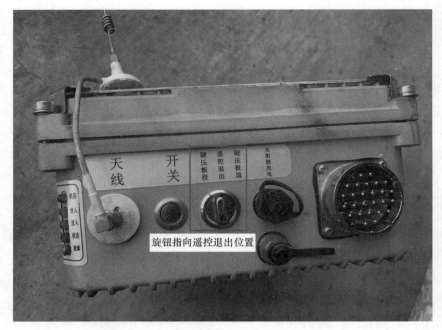

图 6-10　合闸速断分段点功能投入智能终端状态

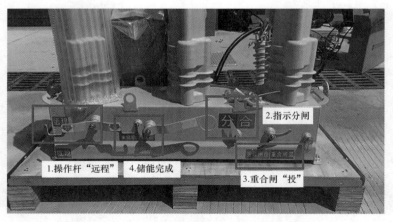

图 6-11　合闸速断环网点功能投入本体状态

（4）智能终端。智能终端保护硬压板旋钮打到中间档位，即远程遥控退出位置，实现终端保护硬压投入，远程遥控退出状态。如图 6-12 所示。

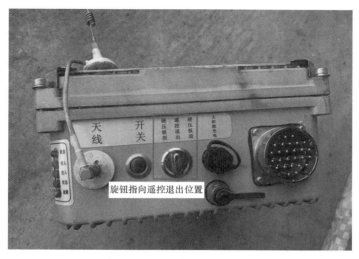

图 6-12 合闸速断环网点功能投入智能终端状态

三、设备选型要求

线路 S1 的分段开关 A、B、C，线路 S2 的分段开关 D、E、F，S1 与 S2 的联络开关 D 采用合闸速断型智能开关，保护板版本使用合闸速断版本；线路 S1 分支线开关 H、J、M，线路 S2 的分支线开关 K、L 采用过流保护型智能开关，保护板版本过流保护版本。

线路 S1 的分段开关 A、S2 的分段开关 G 需安装单侧采样型智能开关（采样侧为电源侧）或者双侧采样型智能开关（负荷侧采样功能短接），主线开关 B、C、D、E、F 均需安装双侧采样智能开关。

线路 S1 分支线开关 H、J、M，线路 S2 的分支线开关 K、L，需安装智能开关，配置级差保护，投入重合闸功能。

线路 S1、S2 上安装的智能开关均采用 4G 无线公网通信模式。

四、保护配置要求

（1）线路 S1 分段开关 A、B、C 的定值如下：

电压保护使能开启；

分段点功能开启；

X 时限（有压合闸延时）5s；

Y 时限（合闸瞬间保护记忆时间）3s；

Z时限（无压分闸延时）0.5s，一般取站内重合闸时间1/2。

正向过流瞬间保护、反向过流瞬间保护启用，两段式过流保护（合闸速断功能里面做后加速使用），速断保护门限值（与线路S1站内线路保护电流Ⅱ段定值配合，配合系数建议1.1），速断保护延时0s，过流保护门限值（与线路S1站内线路保护电流Ⅲ段定值配合，配合系数建议1.1），过流保护延时0.15s。

（2）线路S2的分段开关E、F、G，定值如下：

X时限（有压合闸延时）5s；

Y时限（合闸瞬间保护记忆时间）3s；

Z时限（无压分闸延时）0.5s，一般取站内重合闸时间1/2。

正向过流瞬间保护、反向过流瞬间保护启用，两段式过流保护（合闸速断功能里面做后加速使用），速断保护门限值（与线路S1站内线路保护电流Ⅱ段定值配合，配合系数建议1.1），速断保护延时0s，过流保护门限值（与线路S1站内线路保护电流Ⅲ段定值配合，配合系数建议1.1），过流保护延时0.15s。

（3）线路S1与线路S2的联络开关D，定值如下：

电压保护使能开启；

环网点功能开启；

Y时限（合闸瞬间保护记忆时间）3s；

联络开关XL时限（联络开关单侧失压合闸延时）为20（考虑上级电源重合闸时间和备自投动作时间）+最大值［个数（线路S1上主线开关数量A、B、C）×5，个数（线路S2上主线开关数量E、F、G）×5］s；

正向过流瞬间保护、反向过流瞬间保护启用，两段式过流保护（合闸速断功能里面做后加速使用），速断保护门限值（与线路S1、S2站内线路保护电流Ⅱ段定值较小值配合，配合系数建议1.1），速断保护延时0s，过流保护门限值（与线路S1、S2站内线路保护电流Ⅲ段定值较小值配合，配合系数建议1.1），过流保护延时0.15s。

（4）线路S1分支线开关H、J，定值如下。

1）正向参数—过流保护启用：

速断保护门限值，与线路S1站内线路保护电流Ⅱ段定值配合，配合系数建议1.2；

速断保护延时0.15s；

过流保护门限值，与线路S1站内线路保护电流Ⅲ段定值配合，配合系数建议1.2；

过流保护延时 0.6s；

2）重合闸功能启用：

重合闸功能投入，时间 3s；

正向参数—接地保护：

零序电流限值，根据线路 S1 所在 10kV 母线电容电流情况设置；

接地分闸延时，一般设置 85s；

接地分闸电压采用零序电压判据；

零序电压限值一般设置 2000V；

接地保护方向，一般建议投入；

接地分闸使能，根据是否经消弧线圈接地及本公司故障处置原则、流程设置。

（5）线路 S2 的分支线开关 K、L，定值如下。

1）正向参数—过流保护启用：

速断保护门限值，与线路 S2 站内线路保护电流Ⅱ段定值配合，配合系数建议 1.2；

速断保护延时 0.15s；

过流保护门限值，与线路 S2 站内线路保护电流Ⅲ段定值配合，配合系数建议 1.2；

过流保护延时 0.6s；

2）重合闸功能启用：

重合闸功能投入，时间 3s；

正向参数—接地保护：

零序电流限值，根据线路 S2 所在 10kV 母线电容电流情况设置；

接地分闸延时，一般设置 85s；

接地分闸电压采用零序电压判据；

零序电压限值一般设置 2000V；

接地保护方向，一般建议投入；

接地分闸使能，根据是否经消弧线圈接地及本公司故障处置原则、流程设置。

（6）线路 S1 的分支线开关 M，定值如下。

1）正向参数—过流保护启用：

速断保护门限值，与线路 S1 站内线路保护电流Ⅱ段定值配合，配合系数建议 1.2；

速断保护延时 0s；

过流保护门限值，与线路 S1 站内线路保护电流Ⅲ段定值配合，配合系数建议 1.2；

过流保护延时 0.45s；

2）重合闸功能启用：

重合闸功能投入，时间 3s；

正向参数—接地保护：

零序电流限值，根据线路 S1 所在 10kV 母线电容电流情况设置；

接地分闸延时，一般设置 80s；

接地分闸电压采用零序电压判据；

零序电压限值一般设置 2000V；

接地保护方向，一般建议投入；

接地分闸使能，根据是否经消弧线圈接地及本公司故障处置原则、流程设置。

（7）线路 S1 分段开关 A、B、C，线路 S2 的分段开关 E、F、G 应退出合闸速断充电闭锁逻辑，线路 S1 和线路 S2 的联络开关 D 应启用合闸速断充电闭锁逻辑功能。

（8）线路 S1 分段开关 A、B、C，线路 S2 的分段开关 E、F、G，线路 S1 和线路 S2 的联络开关 D 均应启用合闸速断接地闭锁逻辑功能。

（9）线路 S1、S2 的站内 10kV 馈线开关应启用重合闸功能。

（10）线路 S1、S2 上的电站故障解列功能可靠稳定投入。

当智能开关终端进行量子加密、北斗或 5G 通信改造后，用于集中型馈线自动化，需要进行"三遥"联调。本节内容从三个方面阐述联调过程。

第二节　量子加密

一、量子加密应用情况

（一）应用场景

量子加密技术主要应用于配电线路关键节点（架空线路柱上开关、电缆线路配电站所）无线"三遥"应用，部署在配电终端（架空线路馈线终端、电缆线路配电站所终端）与配电自动化主站的无线公网/专网通讯链路之间，利用量子加密高安全等级、不可破解、不可窃听等优势，构建一条"加密隧道"，为无线公网/专网加上一层"金钟罩"，保障无线通讯下电网数据安全传输，从而实现配电终端无线"三遥"，无需通信光缆等配套投资，经济、灵活、便捷地实现配网状态感知与远程控制能力提升。

量子加密技术可广泛应用于配电架空线路主干线、联络开关馈线终端无线"三遥"建设；可作为配电电缆线路配电站所光纤"三遥"的补充，应用于乡镇偏远地区电缆线路配电站所、混合架空为主线路电缆段配电站所、管道受制光缆无法敷设配电站所等无线"三遥"建设。

（二）架空线路馈线终端选点原则及部署方案

1. 选点原则

架空线路较少敷设随线敷设通信光缆，量子加密高安全性、高可靠性等特点，使其成为架空线路实现无线"三遥"的重要技术。

架空线路馈线终端的量子加密选点一般选择线路主干线分段、联络开关等日常运行方式变更操作、故障隔离转供下需要频繁变更开关分合状态、亟须具备远程遥控操作能力的点位，而分支线因馈线终端带就地保护功能且后侧无法联络转供，远程遥控操作需求较低，一般可不安排量子加密建设。

架空线路主干线分段、联络开关馈线终端量子加密建设应优先安排高故障线路、变电站间 10kV 联络生命线的主干线分段及联络开关，其次是一般线路联络开关（日常操作相较主干线分段更为频繁），然后是一般线路的主干线分段开关（其中人工操作车程较远的开关优先考虑），最后是部分大分支线开关。

2. 部署方案

在架空线路馈线终端部署时，将量子加密模组安装于馈线终端核心单元主板上，串联于国网加密模块与通信模块之间。

在终端软件改造时，馈线终端与量子通信装置之间传输数据为三遥、远程维护及程序升级等，通信链路详见图 6-13。

（三）配电站所终端选点原则及部署方案

1. 选点原则

配电电缆线路一般随一次线路敷设通信光缆，配电站所终端的"三遥"通信方式原则上以光纤通信为主，量子加密作为补充。

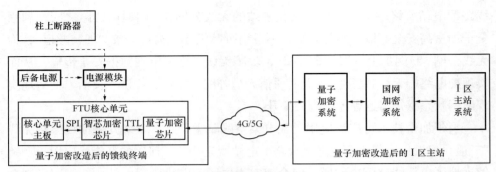

图 6-13　架空线路馈线终端量子加密改造后的通信链路图

配电站所终端量子加密改造主要可用以下几种情况：一是乡镇偏远地区电缆线路的配电站所，建设通信光缆投资较大、性价比不高；二是混合架空为主线路，线路大部分为架空段，小部分为配电站所，通信光缆建设难度较大、投资较高；三是部分配电站所因历史遗留原因，一二次未同步建设，当前改造地下管道不足，光缆敷设受限。

确有必要通过量子加密建设实现配电站所终端"三遥"功能的，应选择电缆线路主干线及联络配电站所为主，分支线配电站所一般配置就地微机保护功能且后侧无法联络转供，可不安排量子加密建设。

2. 部署方案

在配电站所终端 DTU（第一个补充全拼）信号传输前加装部署量子 CPE，通过量子安全加密隧道穿越外网防火墙到量子安全网关，进行信息量子解密，然后穿越内网防火墙与无线安全接入区，进入配电自动化 I 区主站生产控制区。

环网站（柜）DTU 量子加密通信应用图如图 6-14 所示。

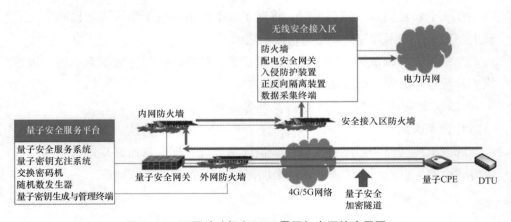

图 6-14　环网站（柜）DTU 量子加密通信应用图

二、量子加密设备联调

（一）联调接线

终端在正式安装前，须在现场按图 6-15 所示连接方式，对终端设备进行参数配置与联调。

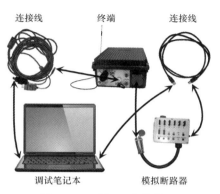

图 6-15 联调设备接线图

（二）调试前准备

（1）主站与终端点表确认，终端导出加密请求文件，送电科院签正式证书，PMS 画图推配电自动化 I 区主站系统，由主站人员进行画图与点号关联。

（2）电科院正式证书签发下来后，主站侧导入正式证并提供信通配发的 IP 地址，终端使用"配电终端证书管理工具"导入正式 KEY，即完成量子加密。

（3）与主站通信测试查看状态指示灯连接主站是否正常。

（三）终端保护设置

（1）重合闸配置。重合闸配置界面图如图 6-16 所示。

6-16 重合闸配置界面图

（2）过流定值配置。过流定值配置界面图如图 6-17 所示。

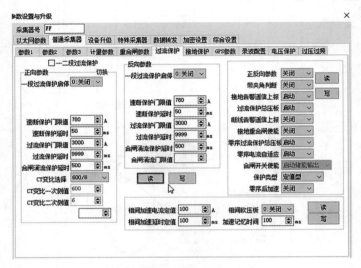

图 6-17　过流定值配置

（3）小电流接地配置。小电流接地配置界面图如图 6-18 所示。

图 6-18　小电流接地配置界面图

（4）点表载入后配置死区、零飘等参数如图 6-19、图 6-20 所示。

图 6-19 点表下装配置界面图

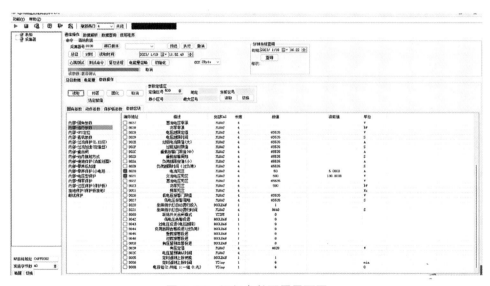

图 6-20 运行参数配置界面图

（四）信息表核对

1. 遥信信息表核对

（1）使用模拟断路器分别对合闸信号、分闸信号、远方信号、就地信号、电池等进行动作，查看上报主站信号是否正确；

（2）保护定值校验，查看上报远方信号是否正确。

遥信信号核对界面图见图 6-21，量子开关遥信信息表见表 6-1。

图 6-21　遥信信号核对界面图

表 6-1　　　　　　　　　　　　量子开关遥信信息表

序号	遥信名称	偏移地址	遥信点号	信号分类
1	装置重启对应遥信	0001	0	告知
2	开关合位	0002	1	变位
3	开关分位	0003	2	变位
4	远方遥控操作合闸	0004	3	变位
5	远方遥控操作分闸	0005	4	变位
6	开关本体就地状态	0006	5	告知
7	开关事故总信号	0007	6	事故
8	保护动作跳闸	0008	7	事故
9	过流 I 段保护动作	0009	8	事故

续表

序号	遥信名称	偏移地址	遥信点号	信号分类
10	过流Ⅱ段保护动作	0010	9	事故
11	零序Ⅰ段保护动作	0011	10	事故
12	零序Ⅱ段保护动作	0012	11	事故
13	小电流保护动作	0013	12	事故
14	终端按钮操作合闸	0014	13	变位
15	终端按钮操作分闸	0015	14	变位
16	零序后加速保护动作	0016	15	事故
17	过流后加速保护动作	0017	16	事故
18	重合闸动作	0018	17	事故
19	终端操作电源硬压板投入	0019	18	告知
20	过流告警总信号	0020	19	告警
21	过流Ⅰ段告警	0021	20	告警
22	过流Ⅱ段告警	0022	21	告警
23	接地告警总	0023	22	告警
24	零序Ⅰ段告警	0024	23	告警
25	零序Ⅱ段告警	0025	24	告警
26	小电流告警	0026	25	告警
27	过负荷告警	0027	26	告警
28	低电压告警	0028	27	告警
29	过电压告警	0029	28	告警
30	TV 断线 / 线路失压	0030	29	告警
31	合于故障闭锁	0031	30	告知
32	弹簧未储能	0032	31	告警
33	外部电源失电	0033	32	告警
34	联络开关闭锁	0034	33	告知
35	联络开关单侧失压合闸动作	0035	34	告知
36	电池欠压告警	0036	35	告警
37	装置异常	0037	36	告警
38	遥控软压板投入	0038	37	告知
39	FA 功能及继电保护功能硬压板投入	0039	38	告知
40	保护软压板投入	0040	39	告知

续表

序号	遥信名称	偏移地址	遥信点号	信号分类
41	重合闸软压板投入	0041	40	告知
42	就地 FA 软压板投入	0042	41	告知
43	来电合闸闭锁	0043	42	告知
44	失压分闸	0044	43	告知
45	联络 0/ 分段 1 模式	0045	44	告知
46	保护定值整定成功	0046	45	告知
47	参数定值整定成功	0047	46	告知
48	手柄合闸操作	0048	47	告知
49	手柄分闸操作	0049	48	告知
50	单侧得电合闸	0050	49	告警
51	X 时间闭锁	0051	50	告警
52	残压闭锁	0052	51	告警
53	反向闭锁	0053	52	告警
54	正向闭锁（Y 闭锁）	0054	53	告警
55	两侧加压闭锁	0055	54	告警
56	FA 合闸闭锁	0056	55	告警
57	FA 分闸闭锁	0057	56	告警

2. 遥测信息表核对

分别对每一个遥测加量，查看上报给主站的数值是否和给定值一致。具体量子开关遥测信息见表 6-2。

表 6-2　　　　　　　　　量子开关遥测信息表

序号	遥测名称	偏移地址	遥测点号	单位
1	A 相电压	4001	0	V
2	B 相电压	4002	1	V
3	C 相电压	4003	2	V
4	零序电压	4004	3	V
5	A 相电流	4005	4	A
6	B 相电流	4006	5	A
7	C 相电流	4007	6	A

序号	遥测名称	偏移地址	遥测点号	单位
8	零序电流	4008	7	A
9	有功功率	4009	8	kW
10	无功功率	4010	9	kvar
11	视在功率	4011	10	kVA
12	功率因数	4012	11	/
13	频率	4013	12	Hz
14	后备电源电压	4014	13	V
15	负荷侧 A 相电压	4015	14	V
16	负荷侧 B 相电压	4016	15	V
17	负荷侧 C 相电压	4017	16	V
18	终端供电电压	4018	17	V

3. 遥控信息表核对

分别对开关的分、合闸；软压板、装置重启等进行远方遥控，查看是否执行。具体量子开关遥控信息见表 6-3。

表 6-3　　　　　　　　　量子开关遥控信息表

序号	遥控名称	偏移地址	遥控点号
1	分合闸	6001	0
2	遥控软压板投入 / 退出	6002	1
3	电池活化启动 / 退出	6003	2
4	装置重启	6004	3

三、量子加密应用案例

（一）量子加密开关远程遥控

10kV 线路 S1 与 S2 通过开关 E 联络，正常运行时如图 6-22 所示。

图 6-22　正常运行时的量子加密开关远程遥控

在特殊运方下，将联络点改为开关 D。

在未投入 4G 量子遥控功能时，只能由供电所操作人员到现场进行手动合分闸操作。在投入 4G 量子遥控功能后，调度通过量子加密通信遥控开关 E 进行合闸，相关遥信信息上传至主站后，调度遥控开关 D 分闸，完成运行方式的调整。调整后的线路图如图 6-23 所示。

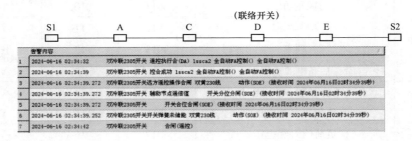

图 6-23　调整后的线路图

（二）量子加密集中型 FA 应用

某 10kV 线路 FS2 开关与 FS3 开关之间发生短路故障，量子加密集中型 FA 动作情况如图 6-24 所示。

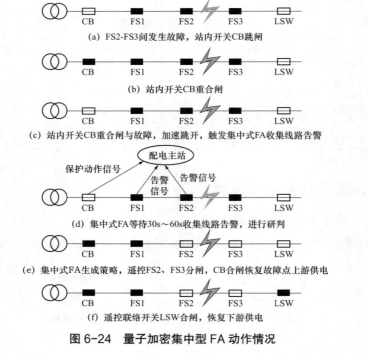

（a）FS2-FS3 间发生故障，站内开关 CB 跳闸

（b）站内开关 CB 重合闸

（c）站内开关 CB 重合闸与故障，加速跳开，触发集中式 FA 收集线路告警

（d）集中式 FA 等待 30s～60s 收集线路告警，进行研判

（e）集中式 FA 生成策略，遥控 FS2、FS3 分闸，CB 合闸恢复故障点上游供电

（f）遥控联络开关 LSW 合闸，恢复下游供电

图 6-24　量子加密集中型 FA 动作情况

10kV 线路 FS2 开关 –FS3 开关之间发生短路故障，导致站内开关 CB 跳闸，期间站内开关 CB 重合闸动作。由于站内开关 CB 重合闸于故障，加速跳开，触发集中式 FA 线路告警，集中式 FA 等待 30s ～ 60s 收集线路告警，进行研判。随后集中式 FA 生成策略，遥控 FS2、FS3 开关分闸，站内开关 CB 合闸恢复故障点上游供电；最后遥控联络开关 LSW 合闸，恢复下游供电。

故障分析结论如图 6–25 所示。

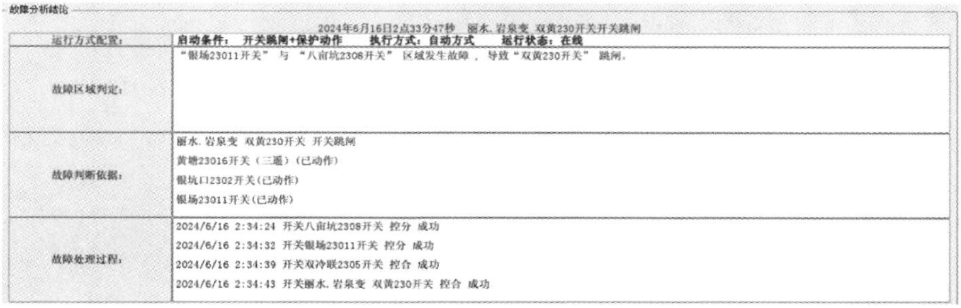

故障分析结论		
	2024年6月16日2点33分47秒　丽水.岩泉变 双黄230开关 开关跳闸	
运行方式配置:	启动条件: 开关跳闸+保护动作　执行方式: 自动方式　运行状态: 在线	
故障区域判定:	"银场23011开关" 与 "八亩坑2308开关" 区域发生故障，导致"双黄230开关" 跳闸。	
故障判断依据:	丽水.岩泉变 双黄230开关 开关跳闸 黄塘23016开关（三遥）（已动作） 银坑口2302开关（已动作） 银场23011开关（已动作）	
故障处理过程:	2024/6/16 2:34:24 开关八亩坑2308开关 控分 成功 2024/6/16 2:34:32 开关银场23011开关 控分 成功 2024/6/16 2:34:39 开关双冷联2305开关 控合 成功 2024/6/16 2:34:43 开关丽水.岩泉变 双黄230开关 控合 成功	

图 6-25　故障分析结论

第三节　北斗通信

一、建设实例

（一）建设场景与思路

针对运营商信号无法覆盖的山地、海岛地区，主站侧在配电自动化 I 区主站无线安全接入区部署北斗指挥机，实现对配电终端的分组管理和集中调度。终端侧对配电终端加装北斗短报文通信终端，并进行适配改造、加装独立取电装置，实现基于北斗通信的遥控和遥信功能。

（二）系统建设

1. 配电自动化 I 区主站改造

在配电自动化 I 区主站无线安全接入区部署北斗指挥机，通过串口服务器与 I 区主站交换机通信。北斗指挥机可根据终端类型及数量的不同自由定制配置，具备兼收所辖终端的定位、通信信息、位置报告，并向所管辖终端发送组播、通播信息，从而实现对终端的分组管理和集中调度功能。

北斗通信技术配电自动化建设体系架构和北斗指挥机实物图如图 6-26、图

6-27 所示。

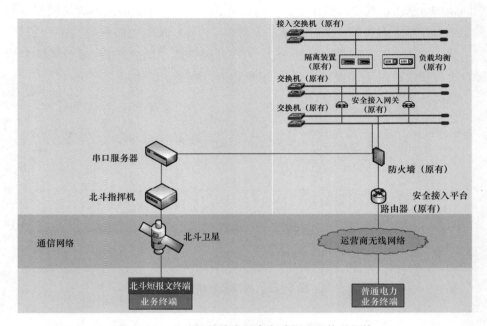

图 6-26　北斗通信技术配电自动化建设体系架构

图 6-27　北斗指挥机实物图

2. 终端改造

在配电终端加装北斗短报文终端，对应增加北斗调试接口及北斗短报文终端，在柱上开关本体需保证取电功率不小于 3.5W，如本体取电功率不足的，需加装太阳能取电装置，以保证整机可靠运行。北斗短报文终端由天线单元、收发模块单元、数据处理单元构成，内嵌北斗 RDSS 收发模块，可完整实现短报文通信功能。

配电终端北斗改造后的整体架构图如图 6-28 所示。

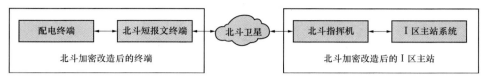

图 6-28　配电终端北斗改造后的整体架构图

北斗短报文终端结构框图、北斗短报文终端实物图如图 6-29、图 6-30 所示。

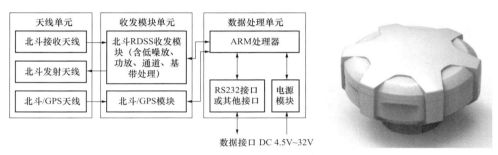

图 6-29　北斗短报文终端结构框图　　　图 6-30　北斗短报文终端实物图

（三）终端安装

1. 终端选点原则

北斗通信馈线终端可适用于 10kV 配电架空线路的分段、分支、分界智能开关。一般在 4G 公网无通信或信号不佳的区域安装，一般要求整线的分段开关和重要分支覆盖北斗通信。另外，可根据用户可重要程度，选择重要用户的用户分界开关配置北斗通信馈线终端。

2. 安装流程

（1）设备构成如表 6-4 所示。

表 6-4　　　　　　　　　　　　　　设备构成

类别	名称	图片	描述	数量
主要设备	智能开关本体		安装在露天而且安装在柱上的开关和控制设备	每套1台

类别	名称	图片	描述	数量
主要设备	馈线终端 + 北斗短报文终端		在馈线终端基础上增加北斗接口及北斗短报文终端，实现北斗通信	每套1台
选配设备	太阳能板辅助供电装置		适用于改造时，在智能开关本体供电不足时作为辅助供电为馈线终端和北斗短报文终端供电	按需每套1台
安装配件	安装支架		侧向安装	每套1组，2选1
			居中安装	
	不锈钢横担		用于安装户外智能终端	每套1根
	不锈钢抱箍		用于安装户外智能终端	每套1组

（2）验收注意：开关本体及终端在安装后，验收时需注意表6-5所列内容。

表 6-5　　　　　　　　　　　　　验收注意事项

序号	测试项目	检验结果	备注
1	断路器及终端外形应端正，无机械损伤及变形现象，内部清洁良好，配件齐全	□正常□异常	
2	断路器及终端标贴、铭牌正确，位置正确	□正常□异常	
3	各装置应固定良好，无松动现象	□正常□异常	
4	设备硬件配置及参数设置符合设计要求	□正常□异常	
5	终端天线应连接牢固、可靠，无松脱、折断	□正常□异常	
6	航插线长度应不小于 3.7m，航插线无断裂，无机械损伤及变形现象	□正常□异常	
7	开关应设有可靠接地位置，并符合设计要求	□正常□异常	
8	开关分合闸拉环、储能拉环，操作后接点接触应可靠	□正常□异常	
9	技术资料是否齐全	□正常□异常	

（3）安装准备工作。现场勘查确认，主接线核实，确认现场安装需要的安装工器具及安全防范机制，做好充足的准备，应对现场的安装任务。

1）现场安装点清单核查及通信状况调试。

a. 确认设备的安装地点，做好资产档案的记录。

b. 安装点通信信号的检查，核对安装点的物理位置与清单是否一致，且确保安装点位适合安装，无遮挡。

c. 设备通信测试，合上控制器倾倒开关，接通电源，等待 3min 左右，指示灯显示红色且有规律地闪烁，则说明设备通信正常，可以安装。

2）安装工器具准备。安装所需工器具如表 6-6 所示。

表 6-6　　　　　　　　　　　　　安装所需工器具

序号	设备名称	数量	备注
1	操作杆（令克棒或绝缘棒）	1 套	
2	缆绳（委绳）	1 根	
3	安全（保险）带	若干	上杆人员（每人 / 条）
4	二保	若干	上杆人员（每人 / 条）
5	安全帽	若干	施工人员（每人 / 顶）

续表

序号	设备名称	数量	备注
6	绝缘手套	若干	上杆人员（每人／副）
7	脚扣（或登高工具）	若干	上杆人员（每人／副）
8	活动扳手	若干	上杆人员（每人／把）

（4）现场安装步骤。

1）智能开关本体停电／不停电安装。根据停电／不停电安装规范要求，将智能开关本体安装固定在电杆上，保证进出线接线正确，此处不再赘述开关本体的安装过程。

2）馈线终端安装规范。馈线终端由终端主体、北斗短报文终端和横担、抱箍、紧固螺母等安装件组成。

a.终端的准备工作：拆开箱体取出终端，按文字提示固定北斗短报文终端，并把终端电源开关打开，同时确保终端显示上线状态（红灯间隔 3s 闪一次）。注意：终端上硬压板拨到投入状态。馈线终端操作与指示灯面板如图 6-31 所示。

图 6-31　馈线终端操作与指示灯面板

b.登记终端地址和安装点的具体位置，须详细到线路名称、开关编号、杆号和负荷侧或电源侧（即大号侧或小号侧）；再次核对主线或支线，终端编号、开关编号和杆号的准确性。

c.施工人员爬至柱上断路器下方（距离开关 2 ～ 2.5m 处，具体安装高度根据现场开关安装位置与顺延的航空线的实际长度而定，终端不得安装至断路器上方）。

d.将专用横担及抱箍用缆绳绑好，并检查是否绑紧，缓慢将其提至安装位置，根据电线杆大小选择合适的孔位将抱箍与横担对接，抱箍的另一端绕过电线杆，穿入横担的安装孔，套上垫片和螺母，锁紧（带太阳能板辅助取电装置的安装，须保证太阳能板朝向的最大化光照，充分地吸收太阳能充电，方向可用指南针来判断）。

横担和抱箍安装示意图如图 6-32 所示。

图 6-32　横担和抱箍安装示意图

e. 用缆绳将终端绑好，缓慢提升至横担安装处，并将终端安装孔放入横担卡扣，与横担扣紧，对准螺丝孔，用螺丝从上向下紧固，螺母已经焊在横担下端。智能开关的航空头连接处采用旋入式，把智能开关上的航空头对准蓝点顺时针旋入即可，定位针要卡到定位孔里，避免虚接。

航空插头安装示意图如图 6-33 所示。

图 6-33　航空插头安装示意图

本体及终端现场安装效果图如图 6-34 所示。

图 6-34　本体及终端现场安装效果图

3. 注意事项

（1）安装之前进行现场勘查，真实了解安装环境，不影响后续的顺利安装。

（2）开关本体安装时必须保证开关上进下出接线。

（3）开关本体接地应当可靠，接地螺栓要拧紧，接地线符合规范要求（接地电阻≤10Ω）。

（4）有利于不停电条件下对馈线终端等控制设备的更换、维修和调试。馈线终端安装位置距离开关设备和杆上最低层带电体不能小于 0.7m，离地不低于 2.5m，避开带电设备（含低压线路）。

（5）有利于馈线终端的正常运转，采用太阳能供电模式应选择合理位置，保障太阳能板光照时间最大化（一般朝向东南方）。

（四）终端联调

1. 联调前准备

终端在联调完成后方可安排现场安装，联调前的准备工作如下：

（1）技术资料检查：确保设备具备产品质量合格证，具有省级以上检测机构出具的产品试验报告，报告内容包括功能、性能、绝缘性能等试验项目。

（2）外观结构、接线、接口检查：铭牌参数与外观检查正常；端子排或航空插头的接线正确；信号接口与通信接口检查无误。

（3）通信功能检查：调试前需保证配电自动化 I 区主站已开通北斗接口，北斗短报文终端已配置北斗 SIM 卡，完成包括基本通信功能检测、通信可靠性检测。

（4）点表校核：将点表与设备进行比对确认，包括 DTU 厂家，DTU 设备序列号，CT 变比，遥信点号，遥测点号，遥控点号等信息。

2.联调流程

（1）终端调试上线：

①首先检查馈线终端和北斗短报文通信终端是否有电，北斗天线是否接好。

②主站侧与终端侧分别配置北斗通信地址，调试通信链路正常。

③主站配置点位，保证与馈线终端点表一致，保证点位与地址对应。

（2）遥信功能调试：在终端侧进行操作和模拟过流故障，主站侧接收到相应遥信上传信息，包括：开关合位、开关分位、开关储能、遥控硬压板、保护硬压板、保护分闸等遥信量。主站遥信数据如图 6-35 所示。

点号	遥信名称	分片号	遥信状态	极性值	质量标志
0		0	分	正	未定义
1	1东沙D202线_东石D2019北斗开关_遥信值	3	合	正	正常
2	2东石D2019北斗开关弹簧储能_东沙D202线_值	3	合	正	正常
3	3东石D2019北斗开关远方就地_东沙D202线_值	3	合	正	正常
4	4东石D2019北斗开关遥控硬压板_东沙D202线_值	3	合	正	正常
5	5东石D2019北斗开关保护硬压板_东沙D202线_值	3	合	正	正常
6	6东石D2019北斗开关开关状态异常_东沙D202线_值	3	分	正	正常
7	7东石D2019北斗开关终端通信中断_东沙D202线_值	3	分	正	正常
8	8东沙D202线_东石D2019北斗开关_重合闸动作	3	分	正	正常
9	9东石D2019北斗开关过压分闸_东沙D202线_值	3	分	正	正常
10	10东石D2019北斗开关手动控制_东沙D202线_值	3	分	正	正常
11	11东石D2019北斗开关保护分闸_东沙D202线_值	3	分	正	正常
12	12东石D2019北斗开关接地分闸_东沙D202线_值	3	分	正	正常
13	13	0	分	正	未定义
14	14	0	分	正	未定义
15	15	0	分	正	未定义
16	16	0	分	正	未定义

图 6-35 主站遥信数据

（3）遥测功能调试：在终端侧施加相应的电流、电压量，在主站侧召测接收的遥测数据。遥测信息如表 6-7 所示。

表 6-7 遥测信息

序号	信息地址	遥测名称	备注
1	19	Charge. V（北斗充电电压）	
2	20	battery. V（北斗电池电压）	
3	21	Ia 保护负荷电流	
4	22	Ib 保护负荷电流	
5	23	Ic 保护负荷电流	
6	24	Io 保护负荷电流	

续表

序号	信息地址	遥测名称	备注
7	25	电压 A 相	
8	26	电压 B 相	
9	27	电压 C 相	
10	28	电压零序	
11	29	有功功率	
12	30	无功功率	

主站遥测数据如图 6-36 所示。

	点号	遥测名称	分片号	遥测值	基值	系数	满度值	满码值	归零值	死区值
20	19	东石D2019北斗开关充电电压_值	3	102.000	0.000	1.000	1.000	1.000	0.000	0.000
21	20	东石D2019北斗开关北斗电池电压_值	3	35.000	0.000	1.000	1.000	1.000	0.000	0.000
22	21	东石D2019北斗开关Ia保护负荷电流_值	3	0.300	0.000	0.100	1.000	1.000	0.000	0.000
23	22	东石D2019北斗开关Ib保护负荷电流_值	3	0.300	0.000	0.100	1.000	1.000	0.000	0.000
24	23	东石D2019北斗开关Ic保护负荷电流_值	3	0.300	0.000	0.100	1.000	1.000	0.000	0.000
25	24	东石D2019北斗开关Io保护负荷电流_值	3	0.100	0.000	0.100	1.000	1.000	0.000	0.000
26	25	东石D2019北斗开关电压A相_值	3	5911.000	0.000	1.000	1.000	1.000	0.000	0.000
27	26	东石D2019北斗开关电压B相_值	3	5973.000	0.000	1.000	1.000	1.000	0.000	0.000
28	27	东石D2019北斗开关电压C相_值	3	5933.000	0.000	1.000	1.000	1.000	0.000	0.000
29	28	东石D2019北斗开关电压零序电压_值	3	94.000	0.000	1.000	1.000	1.000	0.000	0.000
30	29	沙D202线_东石D2019北斗开关_有功值(kW)	3	1.000	0.000	1.000	1.000	1.000	0.000	0.000
31	30	沙D202线_东石D2019北斗开关_无功值(kVar)	3	65531.000	0.000	1.000	1.000	1.000	0.000	0.000
32	31		0	0.000	0.000	1.000	1.000	1.000	0.000	0.000
33	32		0	0.000	0.000	1.000	1.000	1.000	0.000	0.000
34	33		0	0.000	0.000	1.000	1.000	1.000	0.000	0.000
35	34		0	0.000	0.000	1.000	1.000	1.000	0.000	0.000
36	35		0	0.000	0.000	1.000	1.000	1.000	0.000	0.000
37	36		0	0.000	0.000	1.000	1.000	1.000	0.000	0.000

图 6-36　主站遥测数据

（4）遥控功能调试：在主站侧对已连接好开关本体的终端进行遥控，分别进行遥控分闸、遥控合闸，开关与终端可正常动作，并上送相应遥信信息。遥控调试记录如表 6-8 所示。

表 6-8　　　　　　　　　遥控调试记录

时间	调试设备名称	操作反馈
某日 14:40:35	10kV 某线 D2006 北斗开关	遥控预置合
某日 14:42:28	10kV 某线 D2006 北斗开关	遥控执行合
某日 14:44:26	10kV 某线 D2006 北斗开关	合闸
某日 14:45:27	10kV 某线 D2006 北斗开关	复归
某日 14:45:27	10kV 某线 D2006 北斗开关	控合成功

3.注意事项

（1）已在配电自动化四区上线的设备，联调开始前，需要将设备从四区下线，防止联调动作过程中产生误告警信息；

（2）联调完成后需要将终端动作信息清空。

二、应用实例

（一）临时运行方式调整

10kV 线路 S1 与 S2 通过开关 E 联络，正常运行时如图 6-37 所示。

图 6-37 正常运行时的简图

在夏季运行时，需改变运行方式，将联络点改为开关 D。

在未投入北斗遥控功能时，只能由供电所操作人员到现场进行手动合分闸操作。在投入北斗遥控功能后，调度通过北斗通信遥控开关 E 进行合闸，相关遥信信息上传至主站后，调度遥控开关 D 分闸，完成运行方式的调整。运行方式调整记录见表 6-9，调整后的线路图如图 6-38 所示。

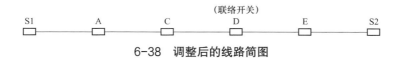

6-38 调整后的线路简图

表 6-9 运行方式调整记录

时间	调试设备名称	操作反馈
某日 19:37:41	10kV S1 线开关 E	遥控预置合
某日 19:38:35	10kV S1 线开关 E	遥控执行合
某日 19:42:30	10kV S1 线开关 E	合闸
某日 19:43:32	10kV S1 线开关 E	复归
某日 19:43:32	10kV S1 线开关 E	控合成功
某日 19:50:17	10kV S1 线开关 D	遥控预置分
某日 19:52:15	10kV S1 线开关 D	遥控执行分
某日 19:54:14	10kV S1 线开关 D	分闸

续表

时间	调试设备名称	操作反馈
某日 19:55:23	10kV S1 线开关 D	复归
某日 19:55:23	10kV S1 线开关 D	控分成功

（二）故障处置

10kV 线路 S1 与 S2 通过开关 E 联络，正常运行时如图 6-39 所示。

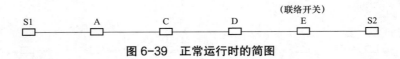

图 6-39　正常运行时的简图

某日，开关 C 与开关 D 之间发生接地故障，如图 6-40 所示。

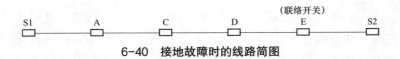

6-40　接地故障时的线路简图

开关 C 发生故障跳闸动作，配电自动化一区主站收到开关 C 的故障动作信号，根据线路其他开关的数据综合判断故障发生在开关 C 与开关 D 之间。因此通过北斗通信遥控开关 D 分闸对故障进行隔离，遥控开关 E 进行转供电，恢复非故障区域供电。故障处置记录见表 6-10。

表 6-10　　　　　　　　　　　故障处置记录

时间	调试设备名称	操作反馈
某日 22:20:25	10kV S1 线开关 C	接地故障分闸动作
某日 22:32:52	10kV S1 线开关 D	遥控预置分
某日 22:33:50	10kV S1 线开关 D	遥控执行分
某日 22:36:45	10kV S1 线开关 D	分闸
某日 22:37:48	10kV S1 线开关 D	复归
某日 22:37:48	10kV S1 线开关 D	控分成功
某日 22:41:32	10kV S1 线开关 E	遥控预置合
某日 22:43:22	10kV S1 线开关 E	遥控执行合
某日 22:45:25	10kV S1 线开关 E	合闸

时间	调试设备名称	操作反馈
某日 22:46:35	10kV S1 线开关 E	复归
某日 22:46:35	10kV S1 线开关 E	控合成功

（三）同时段多终端遥控失败

1. 动作情况

调度人员在对 A 线路开关 A1 进行遥控分闸操作的过程中，开始 B 线路开关 B2 进行遥控合闸操作，在开关 A1 完成分闸动作后，开关 B2 无法完成激活（预置）指令，所以无法完成遥控合闸动作。

主站预置失败示意图如图 6-41 所示。

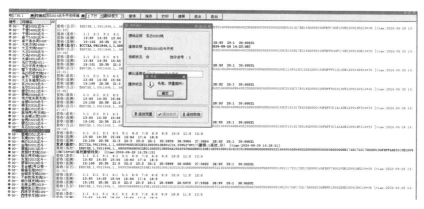

图 6-41 主站预置失败示意图

2. 分析

北斗短报文通信每次发送信息有最小间隔时间，如主站向主站侧的北斗终端发送信息间隔时间少于北斗通信间隔，数据会发送失败，因此主站发送遥控激活（预置）指令失败，故无法执行遥控操作指令。

3. 处置说明

为了解决上述遥控失败的情况，在主站侧加装北斗指挥机，在同一时间段，主站侧可有条通道分别与设备侧北斗终端建立通信，因此可适应多台终端的通信，实现分组管理和集中调度。

第四节 5G 通信

一、总体架构

配电自动化 I 区主站系统部署在各地市生产控制大区。业务数据流使用 5G 硬切片通道，通过地市 UPF 数据转发至地市无线安全接入区，再进入地市安全 I 区。地市公司 5G 切片规划及配置方案由省公司整体统筹，硬切片原则上在无线侧采用 RB 资源预留 +5QI 优先级，在传输侧采用 FlexE 接口隔离 +VPN 隔离，在核心网侧采用地市电力专用 UPF 网元的技术方案。同时应设有纵向通信安全防护，应对控制指令与参数设置指令使用基于非对称加密算法的认证加密技术进行安全防护，实现配网终端和主站之间的双向身份鉴别和数据加密，确保报文的机密性、完整性。5G 电力虚拟专网承载配电自动化业务典型方案如图 6-42 所示（5G 电力虚拟专网承载配电自动化业务典型方案）。通信配置参考如表 6-11 所示（5G 电力虚拟专网承载配电自动化业务通信配置）。

表 6-11　　　　　5G 电力虚拟专网承载配电自动化业务通信配置

网络层级	设备 / 资源名称	技术要求	建设模式
终端	DTU、RTU 等业务终端	●实现遥信、遥测信息上传和重合闸、跳闸等控制指令下发	自建
终端	5G 通信终端	●通信终端可内嵌于业务终端或微型纵向加密装置 ●应支持根据电力应用规则进行电力自定义切片选择 ●宜支持 5GNR 标准信令授时 ●应支持通信终端标识及参数预置管理、远程软件下载与升级管理、网络状态监测和管理等 ●应支持空口上下行速率大于 10Mbps，空口单向传输时延平均值小于 10ms，优于 99.99% 的可靠性 ●工作电压与功耗应匹配嵌入设备供电要求 ●宜支持安装经纬度、安装地点、设备厂商、设备类型等信息查询 ●宜支持 5G SA 双连接及网络无缝切换 ●应工作在 5G SA 模式，支持仅接入 1 个硬切片 ●应采用机卡绑定等措施，应采用固定 IP	装置自建、SIM 卡租用

续表

网络层级	设备 / 资源名称	技术要求	建设模式
终端	5G 通信终端	●应支持通信终端与核心网间双向鉴权 ●应支持加密认证、机卡绑定，宜支持二次鉴权、SNMP、TR069 协议	装置自建、SIM 卡租用
接入网	基站	●应支持 1% ～ 5% 的 RB 资源静态预留和按需配置，应支持 GBR QoS 优先级调度 ●应支持北斗、GPS 授时，宜支持 5GNR 标准信令授时功能 ●应支持空口和 NAS 层信令的加密和完整性保护 ●通信终端接入区域信号覆盖强度应满足 RSRP ≥ -95dBm 且 SINR ≥ 3dB ●配置 RB 资源静态预留硬切片小区边缘用户宜满足上行速率≥ 1Mbps，下行速率≥ 3Mbps ●支持 NR 系统内无损切换，切换数据面中断时延小于 25ms ●通信可靠性大于 99.99% ●可探索开展局域范围内，基站设备电力控制类业务专用部署 ●宜支持高精度授时，授时精度为 1μs ●基带板卡应支持 5G NR 控制面和用户面完整协议栈功能，并可通过扩展支持集中单元、分布单元分离的部署模式 ●应支持通过网络同步技术获得并保持小区间同步功能 ●基站设备关键单元宜冗余配置 ●基站应支持不小于 3 个 64 通道 100MHz 带宽小区的处理能力 ●基站应支持通过独立的时频资源，为控制类业务提供专用通道 ●应通过 5QI 保障切片内不同业务承载的优先级，宜支持基于流的 QoS 管控 ● QoS 标签应支持基于业务数据流需求的实时变化，以实时满足业务需求 ●接入网空口切片应采用 RB 资源静态预留方式	复用运营商设施

网络层级	设备/资源名称	技术要求	建设模式
接入网	基站	●单基站下各通信终端共同租用 1 个 RB 资源静态预留硬切片，不同业务间通过 5QI 隔离 ●静态预留的 RB 资源上行带宽应大于其覆盖范围内电力控制类业务上行带宽总和	复用运营商设施
承载网	电网自有传输资源/FlexE+SPN/FlexE+IPRAN	●宜采用 1+1 或 1：1 通道保护方式 ●应支持 FlexE 接口，以提供通道隔离和多端口绑定功能 ●宜支持 10Mbps 小颗粒硬切片技术 ●通信可靠性大于 99.999% ●承载网应采用电网自有传输资源，或采用电信运营商提供的 FlexE+SPN、FlexE+IPRAN 等硬管道传输 ●基站传输设备板卡宜为电力控制类业务配置不小于 100Mbps 端口，以满足单基站切片出口峰值流量 ●宜支持根据实际需求，灵活配置对应数量的复用板卡为交换板卡或业务板卡 ●带宽测算参数应结合实际经验，或按接入层单个环内基站并发系数 0.3、各层收敛比 1：2 进行取值 ●宜采用 $N+1$ 热备方式在设备内部配置板卡保护，实现板卡故障时的主备倒换 ●承载控制类业务板卡应配置独立的 FlexE 接口，以实现上下业务接口的高水平隔离 ●电力控制类业务宜采用独立板卡进行接入 ●非电网自有的承载网应支持 FlexE 接口及 FlexE 交叉（规模试点阶段可暂不采用 FlexE 交叉，但须做安全专项验证） ● FlexE 硬切片带宽应满足所传输最大业务带宽需求应支持 SR 和 L3VPN ●应支持控制面与用户面分离部署 ●应支持为通信终端指配相应的网络切片 ●应支持对通信终端二次鉴权 ●数据端口带宽需结合 UPF 部署位置及承载控制业务并发量综合考虑，宜大于 10Gbps ●通信可靠性大于 99.999%	自建或复用运营商设施

续表

网络层级	设备/资源名称	技术要求	建设模式
核心网	各核心网网元	●宜采用虚机容器方式进行部署，在资源紧张情况下，亦可选择裸机容器方式进行部署 ●可探索开展基于5G网络的核心网全部网元专用部署 ●控制面AMF和SMF可根据需要采取电力专用或电信运营商共享模式，UDM、PCF等其他网元宜采取共享模式 ●用户面应配置电力控制类业务专用UPF设备，建设模式采取租赁方式 ●UPF可按照单台部署，宜预留设备容灾空间 ●容灾备份宜采用设备之间的故障处理和恢复机制，亦可采用冷备份或热备份方式 ●宜将电力控制类业务专用网元部署在电力自有的硬件资源池中，以实现网元间的物理隔离	复用运营商设施或自建部分网元
		●在电力AMF专用部署场景下，宜支持通过通信终端携带电力专用标识在首次注册时，不经过公网AMF直接选择至电力专用AMF的功能 ●电力控制类业务专用的UPF，原则上应下沉部署至地市公司通信机房 ●转发容量应大于该地市承载电力控制类业务通信带宽之和 ●可单台部署，宜预留容备空间	
安全接入区域业务系统	安全接入区	●应使用加密认证技术实现加密传输和安全认证 ●应部署网络安全监测装置，纵向出口处部署纵向加密认证装置	自建
安全接入区域业务系统	业务系统	●业务系统通过电力光纤专网或DNN链路经由安全接入区接入5G电力虚拟专网 ●应部署可信验证模块、安全操作系统加强重要服务器的安全防护 ●业务终端与业务系统间应进行双向认证	自建

注 上述部分数据来源于调通〔2022〕6号《国调中心关于印发〈5G电力虚拟专网承载电力控制类业务技术方案（试行）〉的通知》

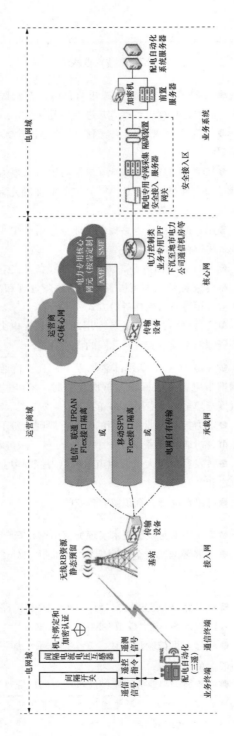

图 6-42 5G 电力虚拟专网承载配电自动化业务典型方案

二、5G 配电自动化业务应用

（一）背景

经过近十年的建设，配电自动化终端已具备相当规模。通过 DTU 设备、故障指示器、智能开关及全自动 FA 线路的投入，提升了日常工作和故障事故处理效率。但仍然存在以下问题：

（1）架空线路柱上开关无法实现遥控功能和全自动 FA，导致架空线路计划操作和故障处理效率低下，极大影响供电可靠性。

（2）由于网络安全问题，4G 通信设备不允许在配电自动化 I 区主站中的综合遥控和馈线自动化应用。

智能开关不具备远程遥控功能，造成了操作人员倒闸操作或转供电操作等工作时，需到现场就地进行开关操作；故障处理时，受保护级差时限的限制，通常配置"二级保护"，只能将故障自动隔离在大区间内，难以实现快速精准隔离与自愈，影响用户用电可靠性。

（二）主要做法

应用 5G 硬切片通信技术"高带宽、低延时、高安全"的特点，可有效解决由于信息安全导致的设备遥控功能和偏远地区开闭所通信上线难题，实现架空线路和电缆线路两类场景下配电自动化终端的无线遥控和全自动 FA 功能，从"二遥"向"三遥"跨进。

配电自动化终端采用标准国网 104 通信规约，采用统一点表规则。终端配备 5G 通信模块采用硬加密模式，内部集成具有双向认证加密能力的国网标准的加密芯片。

智能开关设备上联聚合至 5G 模组，通过电力专属 RB 资源与 5G 基站通信，实现基于 RB 资源预留的物理隔离。通过 FlexE 硬隔离技术传输至地市公司 UPF 设备。隔离网闸接收 UPF 中的智能开关"三遥"数据，并经无线安全接入区接入配电网主站。

配电网智能柱上开关和 5G 智能柱上开关网络架构如图 6-43、图 6-44 所示。

1. 5G 通信通道设计

配电自动化三遥终端与电力通信专网之间的通道属于运营商 5G 通信范畴，具体可分为空口侧、承载网侧、核心网侧及安全接入平台 4 个部分，由于配电自动化三遥安全总体安全防护需遵循《电力监控系统安全防护规定》（发改委

图 6-43　配电网智能柱上开关

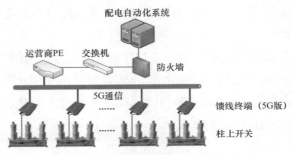

图 6-44　5G 智能柱上开关网络架构

2014 第 14 号令）中"安全分区、网络专用、横向隔离、纵向认证"的安全防护方针，在 5G 公网通信通道中本文采用具有近似物理隔离强度的端到端切片方案。

（1）空口侧。在空口侧，采用 Resource Block 资源预留切片方式（以下简称 RB 资源预留），控制类电力数据信息均走在最小 RB 资源预留内，满足电力控制类业务无线资源需物理隔离的要求。根据业务带宽需求，采用 1%RB 资源预留（上、下行分别 2 个 RB 资源块），实现理论上行 1.5Mbps，下行 10Mbps 的传输速率；在终端 SIM 卡侧配置电力统一规划的静态 IP 地址，避免 IP 地址冲突。

（2）承载网侧。在承载网侧，采用基于时隙调度的灵活以太网（Flex Ethernet，FlexE）切片，在时域预留独享时间片，提供通道化隔离和多端口绑定。确保电力控制类业务通信通道的物理隔离。

（3）核心网侧。通信数据分为电力业务数据及运营商控制信令，电力业务数据利用运营商开通的端到端切片通道，从基站经过运营商承载网，传输到电力机房 5G 用户面网元（User-plane function，UPF），再通过安全接入区进入电力内部网络。信令交互方面，5G 链路的控制信令则仍流向运营商 5G 核心网，通过 Session management function（以下简称 SMF）网元与电力机房部署的 UPF 实现控制层交互。

（4）安全接入区。安全接入区是为承载在 5G 电力虚拟专网上的电力业务提供端到端加密隧道、网络隔离等安全服务。在 11 个地市公司分别部署安全接入区，实现地市子站和可中断负荷终端信息的安全交互。配电 I 区子站对下通过地市数据隔离装置（数据隔离装置提供 5G 公网与生产控制大区的隔离，阻断网络连接，实现 5G 公网通信终端与公司生产控制大区网络之间的裸数据交换），经加密认证装置做数据加解密，再通过无线公网方式接入用户接入层。

2. 5G 通信设备安装的具体流程及注意事项

（1）确定运营商网络覆盖。

1）应根据业务终端所处位置的 5G 信号强度（RSRP、SINR 指标）以及运营商网络建设情况择优选取符合开通业务要求的运营商。

2）确认所部署地区支持 5G 端到端硬切片并已绑定开通配电自动化专用 DNN（或称为 APN）。

（2）确定采购的 5G 通信模组符合规范。

1）通信终端应采用模块化、可扩展、低功耗、免维护的设计标准，适应复杂运行环境，具有高可靠性和稳定性。

2）根据业务需要，可选择能内嵌于业务终端的通信模组。

3）应支持根据电力应用规则进行电力自定义切片选择。

4）宜支持 5G NR 标准信令授时。

5）应支持通信终端标识及参数预置管理、远程软件下载与升级管理、网络状态监测和管理等。

6）宜支持安装经纬度、安装地点、设备厂商、设备类型等信息查询。

7）终端具有一定安全可靠性、耐用性、故障率低，以及数据的存储与传输应采用加密方式处理。

8）终端接口须具备可靠、易用、安全、灵活、开放、松耦合等特点。

9）终端需支持 SNMP 或 TR069 协议，该协议能够实现终端接入无线通信综合管理平台，帮助网络管理员提高网络管理效率，及时发现和解决网络问题。网络管理员还可以通过 SNMP 协议，接收网络节点的通知消息和警告事件报告等，从而获知终端出现的问题，加强了对终端的可视可管可控。

（3）开通 5G 物联网卡。确认好运营商网络覆盖支持承载电力控制类业务之后，使用部门需向信通部门申请物联网卡。信通部门通过 SIM 卡申请流程确认 SIM 卡的 DNN、IP 地址信息，并提交运营商开卡。

（4）现场安装。

1）将 SIM 卡插入 5G 通信模组，如图 6-45 所示。

需注意，省公司和地市公司在生产控制大区的 5G IP 地址规划是不同的。

图 6-45　SIM 卡插入 5G 通信模组示意图

2）调整 5G 天线位置取得最佳信号；天线主瓣波束方向需朝向运营商基站。天线放置点位无线信号建议满足 RSRP > –100dbm，SINR > 3dB。

3）通过在通信终端 Ping 测各地市安全接入区网关地址，测试时延、稳定性。

4）做好 5G 专网 SIM 卡台账登记（卡号、IP 地址、终端设备编号、终端所处经纬度）。

5）定期通过省公司无线通信综合管理平台或运营商物联网平台查看 SIM 卡的使用情况。

3. 实践成效

截至 2021 年底，国网杭州电力完成了下沉式核心网部署，并依托杭州本地 5G 电力虚拟专网，实现了配电网柱上开关智能终端在杭州泛亚运区域桥南网格全覆盖，并在杭州西部山区实现 5G 配电智能开关改造，实现偏远山区的 5G 配电自动化典型应用，有效支撑配网运行方式的快速调整和故障隔离，持续推动泛亚运综合示范建设，目前共计接入 11 个配网智能柱上开关、28 个配网 DTU 终端、24 个配网差动保护终端；国网宁波电力重点开展泛梅山示范区内 5G 柱上开关示范建设，顺利解决 4G 智能开关无法开展远方遥控的问题，并借助工业园区和城郊场景中的 5G 业务终端开展硬切片带宽、时延等性能测试，目前共计接入 5G 智能柱上开关 140 个，DTU 终端 20 个，同时在江北部署了国内首条基于量子加密无线通信的全自动 FA 架空线路，积极探索配电网智能化转型升级方式；国网嘉兴电力深度结合了已建成的电力无线专网，开展了配电自动化等多业务场景终端接入，并联合国网浙江信通公司开展靶场实验室的建设工作，为靶场提供现网测试场景；国网金华电力围绕 5G+ 量子在电力配电专业的深化应用进行研究，探索新型电力安全技术手段；国网金丽水电力借助省电力下沉 UPF 设备，开展 6 个配网差动保护业务试点，解决光纤敷设成本高、老旧城区线路改造困难等问题。

（1）存量智能开关"5G 改造"。现有成套智能柱上开关为单侧取电型智能开关（带一体化隔离刀闸）、带太阳能板的馈线终端 FTU、安装支架等配件组成。

改造方案中开关本体为杆上原有设备，不作任何改动，将原馈线终端 FTU 改造为增加 5G 通信功能的 FTU 设备，外置 5G 通信模块（CPE），同时增加独立式电容取电装置，配套安装支架等配件。改造后的成套开关实物如图 6-46 所示。

图 6-46　成套开关实物图

（2）通信架构。5G 通信模块以 CPE 为基础通信单元，通过天线将数据上送至主站，5G 通信模块与 FTU 馈线终端之间通过以太网口进行连接。整体通信硬件架构图如图 6-47 所示。

图 6-47　通信硬件架构图

（3）终端联调。

1）联调前准备。

终端在联调完成后方可安排现场安装，联调前的准备工作如下：

a. 技术资料检查：确保设备具备产品质量合格证，具有省级以上检测机构出具的产品试验报告，报告内容包括功能、性能、绝缘性能等试验项目。

b. 外观结构、接线、接口检查：铭牌参数与外观检查正常；端子排或航空插头的接线正确；信号接口与通信接口检查无误。

c. 根据供电所上报所需的安装点位，制作自动化信息表。

d. 制定联调计划（见图 6-48），提前一周发给自动化班，由自动化班建档、导加密。

绍兴供电公司配电终端自动化信息表

转发方向：	绍兴配电自动化主站系统（OPEN5200）
厂站名称：	
配电终端型号：	
生产厂家：	
软件版本：	
通信规约：	104规约
是否遥控：	是
厂站地址：	
MAC地址：	
端口号：	2404
主站前置机地址：	172.11.48.98 172.11.48.99
遥信起始地址：	1
遥测起始地址：	4001
遥控起始地址：	6001
遥测上送方式：	浮点型
校验方式：	无校验
审核：	
编制：	
核对：	
核对时间：	
备注：	

图 6-48　联调计划表

2）联调流程。

a. 终端调试上线（见图 6-49）。

a）检查终端电源正常开启，天线正常连接；终端内部参数正常配置。

b）主站配置点位，保证与馈线终端点表一致，保证点位与地址对应。

c）检查终端与主站通讯情况，确保设备在主站正常上线。

b. 遥信功能调试：在终端侧进行操作和模拟过流故障，主站侧接收到相应遥信上传信息，包括：开关合位、开关分位、开关储能、遥控硬压板、保护硬压板、保护分闸等遥信量。主站遥信数据如图 6-50 所示。

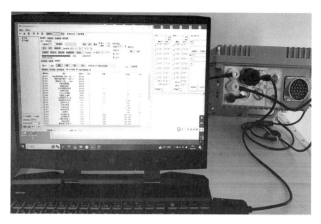

图 6-49 终端调试上线

	遥测	遥信	遥脉						
点号	遥信名称				分片号	原码值	遥信状态	极性值	质量标志
25	24 吼山 A1029 开关（自）过流后加速保护动作 吼山 A545 线 值				3	0	分	正	正常
26	25				0	0	分	正	未定义
27	26 吼山 A1029 开关（自）重合闸动作 吼山 A545 线 值				3	0	分	正	正常
28	27				0	0	分	正	未定义
29	28 吼山 A1029 开关（自）终端操作电源硬压板投入 吼山 A545 线 值				3	1	合	正	正常
30	29 吼山 A1029 开关（自）过流告警总信号 吼山 A545 线 值				3	0	分	正	正常
31	30 吼山 A1029 开关（自）过流Ⅰ段告警 吼山 A545 线 值				3	0	分	正	正常
32	31 吼山 A1029 开关（自）过流Ⅱ段告警 吼山 A545 线 值				3	0	分	正	正常
33	32				0	0	分	正	未定义
34	33 吼山 A1029 开关（自）接地告警总 吼山 A545 线 值				3	0	分	正	正常
35	34				0	0	分	正	未定义
36	35				0	0	分	正	未定义
37	36 吼山 A1029 开关（自）小电流告警 吼山 A545 线 值				3	0	分	正	正常
38	37				0	0	分	正	未定义
39	38				0	0	分	正	未定义
40	39				0	0	分	正	未定义
41	40				0	0	分	正	未定义
42	41				0	0	分	正	未定义
43	42				0	0	分	正	未定义
44	43 吼山 A1029 开关（自）PT 断线/线路失压 吼山 A545 线 值				3	0	分	正	正常
45	44						分	正	

图 6-50 主站遥信数据

c. 遥测功能调试：在终端侧加相应的电流、电压量，在主站侧召测接收的遥测数据。遥测信息如表 6-12 所示。

表 6-12   遥测信息

序号	设备	信息描述	CT 变比	系数	PT 变比
0		AB 线电压		1	10kV：
1		BC 线电压		1	3.25V
2	×× 供电所	蓄电池电压 1		1	
3	××××	A 相电流幅值		1	
4	开关	B 相电流幅值	600/1	1	
5		C 相电流幅值		1	
6		功率因数		1	

续表

序号	设备	信息描述	CT 变比	系数	PT 变比
7		有功功率（MW）	600/1	1	
8		无功功率（Mvar）		1	
9		预留			
10		零序电流幅值		1	
11		预留			
12		预留			
13		预留			
14	××供电所	预留			
15	××××	预留			
16	开关	预留			
17		预留			
18		零序电压幅值		1	
19		UA1		1	
20		UB1		1	10kV：
21		UC1		1	3.25V
22		UA2		1	
23		UB2		1	

主站遥测数据如图 6-51 所示。

	点号	遥测名称	分片号	原码值	整型值	遥测值
1	0	吼山A1029开关（自）Ua 值	3	(16c7)	5831	5831.000
2	1	吼山A1029开关（自）Ub 值	3	(16d5)	5845	5845.000
3	2	吼山A1029开关（自）Uc 值	3	(1747)	5959	5959.000
4	3	吼山A1029开关（自）零序电压 值	3	(010f)	271	271.000
5	4	吼山A1029开关（自）吼山A545线 A相电流幅值(A)	3	(002e)	46	46.200
6	5	吼山A1029开关（自）吼山A545线 B相电流幅值(A)	3	(0030)	48	48.300
7	6	吼山A1029开关（自）吼山A545线 C相电流幅值(A)	3	(0030)	48	48.700
8	7	吼山A1029开关（自）吼山A545线 零序电流幅值	3	(0000)	0	0.000
9	8	吼山A1029开关（自）吼山A545线 有功值	3	(fcc3)	-829	-829.000
10	9	吼山A1029开关（自）吼山A545线 无功值	3	(ff8e)	-114	-114.000
11	10	吼山A1029开关（自）视在功率 值	3	(0345)	837	837.000
12	11	吼山A1029开关（自）吼山A545线 功率因数	3	(0000)	0	-0.991
13	12	吼山A1029开关（自）频率 值	3	(0031)	49	49.960
14	13	吼山A1029开关（自）后备电源电压 值	3	(0003)	3	3.400
15	14		0	(0000)	0	0.000
16	15		0	(0020)	32	32.900
17	16	吼山A1029开关（自）负荷侧A相电压 值	3	(16c3)	5827	5827.000
18	17	吼山A1029开关（自）负荷侧B相电压 值	3	(16cf)	5839	5839.000
19	18	吼山A1029开关（自）负荷侧C相电压 值	3	(0000)	0	0.000
20	19	吼山A1029开关（自）充电电压 值	3	(000c)	12	12.600

图 6-51　主站遥测数据

d. 遥控功能调试：

在主站侧对已连接好开关本体的终端进行遥控，分别进行遥控分闸、遥控合闸，开关与终端可正常动作，并上送相应遥信信息。遥控调试记录如表 6–13 所示。

表 6–13 遥控调试记录

时间	调试设备名称	操作反馈
10 月 1 日 14:40:35	10kV × × 线 × × 5G 开关	遥控预置合
10 月 1 日 14:42:28	10kV × × 线 × × 5G 开关	遥控执行合
10 月 1 日 14:44:26	10kV × × 线 × × 5G 开关	合闸
10 月 1 日 14:45:27	10kV × × 线 × × 5G 开关	复归
10 月 1 日 14:45:27	10kV × × 线 × × 5G 开关	控合成功

3）注意事项：

a. 调试完成后，记录归档；

b. 调试完成后暂不安装的，通知配电自动化 I 区主站 IP 改成负值。

（4）终端安装。

1）终端选点原则。5G 通信馈线终端可适用于 10kV 配电架空线路的分段、分支、分界智能开关。一般要求整线的分段开关和重要分支覆盖 5G 通信，从而实现遥控功能。另外，可根据用户的重要程度，选择重要用户的用户分界开关配置 5G 通信馈线终端。

2）安装流程。

a. 设备构成见表 6–14 所示。

表 6–14 设备构成

类别	名称	图片	描述	数量
改造设备	馈线终端 FTU		将 FTU 中的通信模块升级为 5G 通信模式	1 台

续表

类别	名称	图片	描述	数量
加装设备	5G 通信模块		FTU 外置 5G CPE 通信模块，实现向主站双向数据传输功能	1
加装设备	独立式电容取电装置		在开关本体之外增加独立式电容取电装置，为 5G 通信模块供电的同时实现电源侧和负荷侧双侧电源供电	1 个
选配 1	跌落式熔断器		用于连接引线和独立式取电电容装置，可手动分闸，具备明显断开点功能	1 个
选配 1	避雷器		用于独立式电容取电装置的防雷	1 个

b. 验收注意：开关本体及终端在安装后，验收时需注意表 6–15 所列内容。

表 6-15 验收注意事项

序号	测试项目	检验结果	备注
1	断路器及终端外形应端正，无机械损伤及变形现象，内部清洁良好，配件齐全	□正常□异常	
2	断路器及终端标贴、铭牌正确，位置正确	□正常□异常	
3	各装置应固定良好，无松动现象	□正常□异常	
4	设备硬件配置及参数设置符合设计要求	□正常□异常	
5	终端天线应连接牢固、可靠，无松脱、折断	□正常□异常	
6	航插线长度应不小于 3.7m，航插线无断裂，无机械损伤及变形现象	□正常□异常	
7	开关应设有可靠接地位置，并符合设计要求	□正常□异常	
8	开关分合闸拉环、储能拉环，操作后接点接触应可靠	□正常□异常	
9	技术资料是否齐全	□正常□异常	

c.安装准备工作：现场勘查确认，确认现场安装需要的安装工器具及安全防范机制，做好充足的准备，应对现场的安装任务。

a）现场复勘及终端通信测试；

一是确认架空线路及周边环境满足作业条件。

二是确认实际安装点位和计划安装点位一致。

三是终端通信测试，打开终端电源，等待 3 ～ 5min，指示灯显示红色且 2s 左右闪一次，说明设备通信正常，可以正常安装。

b）安装工器具准备。

安装所需工器具如表 6-16 所示。

表 6-16 安装所需工器具

序号	设备名称	数量	备注
1	操作杆（令克棒或绝缘棒）	1 套	
2	缆绳（委绳）	1 根	
3	安全（保险）带	若干	上杆人员（每人/条）
4	二保	若干	上杆人员（每人/条）
5	安全帽	若干	施工人员（每人/顶）

序号	设备名称	数量	备注
6	绝缘手套	若干	上杆人员（每人 / 副）
7	脚扣（或登高工具）	若干	上杆人员（每人 / 副）
8	活动扳手	若干	上杆人员（每人 / 把）

d. 现场安装步骤：

a）智能开关本体停电 / 不停电安装。根据停电 / 不停电安装规范要求，将智能开关本体安装固定在电杆上，保证进出线接线正确，此处不再赘述开关本体的安装过程。

b）馈线终端安装规范。馈线终端由终端主体、5G 通信模块和横担、抱箍、紧固螺母等安装件组成。

①5G 通信模块（CPE）与智能终端装于同一角钢上，如图 6-52 所示；如开关所在杆塔本身已有较多电气设备，不具备加装条件。此时可考虑双杆安装，将独立式电容取电装置、跌落式熔断器、避雷器等加装于下一根杆塔上，并需要准备加长的电容取电装置二次接线，长度满足两根杆塔之间的距离连接即可。

②打开终端开关按钮，连接天线，确保终端正常通信。

③开关本体航空线缆和终端航空插头可靠连接。

④根据现场实际需求，硬压板旋钮打到合适的位置。

⑤详细记录终端编号、杆号牌、SIM 卡等信息，做好档案整理。

本体及终端现场安装效果如图 6-53 所示。

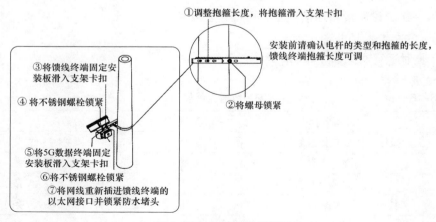

图 6-52　终端安装示意图

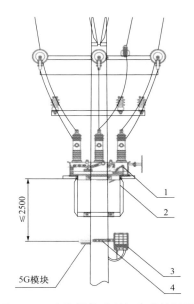

图 6-53 本体及终端现场安装效果图

e. 注意事项：

a. 安装之前进行现场勘查，真实了解安装环境，不影响后续的顺利安装。

b. 开关本体安装时必须保证开关上进下出接线。

c. 开关本体接地应当可靠，接地螺栓要拧紧，接地线符合规范要求（接地电阻 ≤ 10Ω）。

d. 有利于不停电条件下对馈线终端等控制设备的更换、维修和调试。馈线终端安装位置距离开关设备和杆上最低层带电体不能小于 0.7m，离地不低于 2.5m，避开带电设备（含低压线路）。

（三）应用实例

1. 临时运行方式调整

10kV 线路 S1 与 S2 通过开关 E 联络，正常运行时如图 6-54 所示。

图 6-54 正常运行线路

在临时运行方式调整下，将联络点改为开关 C。

在未投入 5G 遥控功能时，只能由供电所操作人员到现场进行手动合分闸操作。在投入 5G 遥控功能后，调度通过 5G 通信遥控开关 E 进行合闸，相关遥信信息上传至主站后，调度遥控开关 C 分闸，完成运行方式的调整，见表 6-17。调整后的线路如图 6-55 所示。

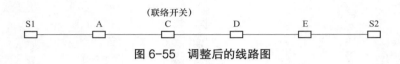

图 6-55　调整后的线路图

表 6-17　　　　　　　　　　　运行方式调整

时间	调试设备名称	操作反馈
某日 9:47:51	10kV S1 线开关 E	遥控预置合
某日 9:48:45	10kV S1 线开关 E	遥控执行合
某日 9:52:40	10kV S1 线开关 E	合闸
某日 9:53:42	10kV S1 线开关 E	复归
某日 9:53:42	10kV S1 线开关 E	控合成功
某日 10:0:27	10kV S1 线开关 C	遥控预置分
某日 10:02:25	10kV S1 线开关 C	遥控执行分
某日 10:04:24	10kV S1 线开关 C	分闸
某日 10:05:33	10kV S1 线开关 C	复归
某日 10:05:33	10kV S1 线开关 C	控分成功

2. 故障处置

10kV 线路 S1 与 S2 通过开关 D 联络，开关 B 与开关 C 之间发生接地故障，如图 6-56 所示。

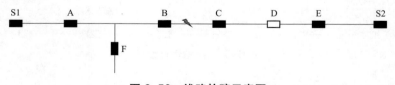

图 6-56　线路故障示意图

开关 C 发生故障跳闸动作，配电自动化一区主站收到开关 B 的故障动作信号，根据线路其他开关的数据综合判断故障发生在开关 B 与开关 C 之间。因此通过 5G 通信遥控开关 C 分闸对故障进行隔离（见表 6-18），遥控开关 D 进行转供电，恢复非故障区域供电。

表 6-18　　　　　　　　　　隔离故障操作

时间	调试设备名称	操作反馈
某日 12:10:24	10kV S1 线开关 B	接地故障分闸动作
某日 12:22:51	10kV S1 线开关 C	遥控预置分
某日 12:23:50	10kV S1 线开关 C	遥控执行分
某日 12:26:44	10kV S1 线开关 C	分闸
某日 12:27:47	10kV S1 线开关 C	复归
某日 12:27:47	10kV S1 线开关 C	控分成功
某日 12:31:31	10kV S1 线开关 D	遥控预置合
某日 12:33:21	10kV S1 线开关 D	遥控执行合
某日 12:35:25	10kV S1 线开关 D	合闸
某日 12:36:35	10kV S1 线开关 D	复归
某日 12:36:35	10kV S1 线开关 D	控合成功

3. 5G 开关集中型 FA 应用

某 10kV 线路 B 开关与 C 开关之间发生短路故障，5G 通信集中型 FA 动作情况如图 6-57 所示，故障分析结论如图 6-58 所示。

（1）10kV 线路 B 开关与 C 开关之间发生永久性短路故障。

（2）导致站内开关 S1 跳闸。

（3）期间站内开关 S1 重合闸动作。

（4）由于站内开关 S1 重合闸于故障，加速跳开，触发集中式 FA 研判条件。

（5）集中式 FA 根据收集的智能开关过流信号告警进行研判。随后集中式 FA 生成策略，遥控 B、C 开关分闸，站内开关 S1 合闸恢复故障点上游供电。

（6）最后遥控联络开关 D 合闸，恢复下游供电。

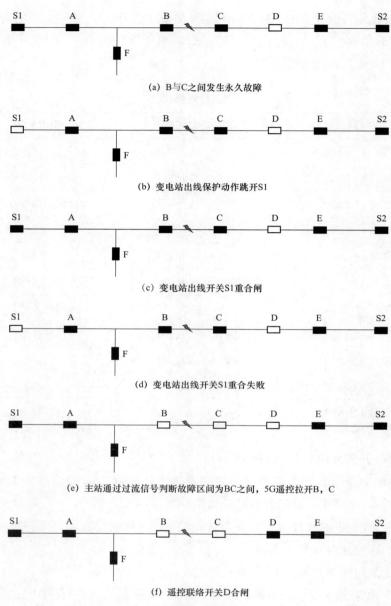

(a) B与C之间发生永久故障

(b) 变电站出线保护动作跳开S1

(c) 变电站出线开关S1重合闸

(d) 变电站出线开关S1重合失败

(e) 主站通过过流信号判断故障区间为BC之间，5G遥控拉开B，C

(f) 遥控联络开关D合闸

图 6-57　5G 通信集中型 FA 动作情况

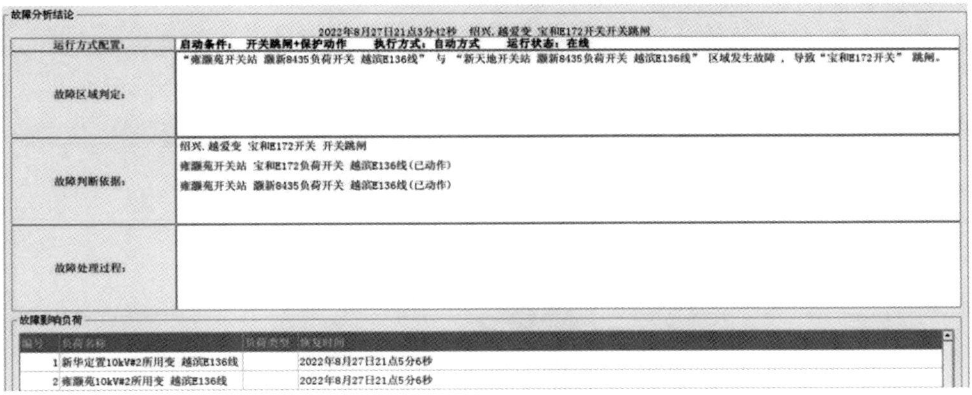

图 6-58　故障分析情况

第五节　行波测距

一、建设实例

行波测距装置建设安装步骤如下。

（1）架空线路选择：

1）频停频跳线路；

2）湖区、山区、滨海等故障巡线困难、运行环境恶劣的线路；

3）森林防火重要线路；

4）不满足 131 号文件要求的非标准化自动化线路。

（2）部署原则：行波测距装置用于配电网故障精确定位，适用于 10kV 配网架空线路。装置适用于 35 ～ 240mm² 的绝缘导线或裸导线，支持带电安装。

行波测距装置现场安装图如图 6-59 所示。

（3）终端布点原则：

1）终端设备采用双端布置，终端布点应满足相邻间隔最长不超过 4 ～ 5km，最短不低于 600m，且 T 节点不应超过 4 个；

2）安装与首端的终端距变电站，末端终端距联络开关的距离均应不小于 300m；

3）电缆与架空线交接处宜安装 1 套，用于确定故障点所在区段及故障位置。

行波测距装置现场安装图如图 6-59 所示，安装原则如图 6-60 所示。

图 6-59　行波测距装置现场安装图

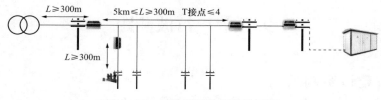

图 6-60　行波测距装置安装原则

二、应用实例

（一）典型单相接地故障案例

1. 故障定位结论

北分路 05 线线路拓扑图如图 6-61（见文后插页）所示。

故障告警：2023-04-23 04:55:19.163ms 在 10kV 小庙变 10kV 北分路 05 线上监测到 B 相金属性接地故障；

持续时间：0.4s；

故障区间：小庙变 10kV 北分路 05 线 2 号杆塔与小庙变 10kV 北分路 05 线 45 号杆塔之间；

精确定位：距离小庙变 10kV 北分路 05 线 2 号杆塔大号侧方向 906m，小庙变 10kV 北分路 05 线 25 号杆塔及支线附近。

2. 判断依据

2023-04-23 04:55:19.163ms，监测设备监测到线路 B（绿色）相电压下降，AC（黄红色）两相电压上升，而且 B 相单相有故障电流，可以明确 10kV 小庙变 10kV 北分路 05 线发生金属性接地故障。

2023-04-23 04:55:19.163ms 电压特性如图 6-62 所示。

2023-04-23 04:55:19.163ms 电流特性如图 6-63 所示。

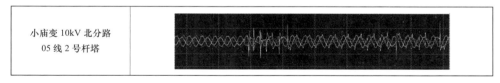

图 6-62　电压特性

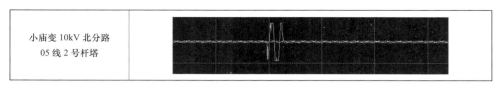

图 6-63　电流特性

3. 区间定位判断

根据行波极性判断故障区间：小庙变 10kV 北分路 05 线 2 号杆塔，小庙变 10kV 北分路 05 线 45 号杆塔行波极性相反，判断故障点在小庙变 10kV 北分路 05 线 2 号杆塔到小庙变 10kV 北分路 05 线 45 号杆塔之间。

小庙变 10kV 北分路 05 线 2 号杆塔，小庙变 10kV 北分路 05 线 45 号杆塔行波波形如图 6-64 所示。

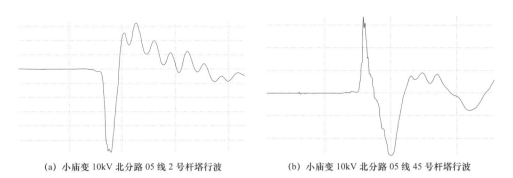

(a) 小庙变 10kV 北分路 05 线 2 号杆塔行波　　　(b) 小庙变 10kV 北分路 05 线 45 号杆塔行波

图 6-64　杆塔行波波形

4. 行波定位结果判断

选择距离故障点最近的两套设备为小庙变 10kV 北分路 05 线 2 号杆塔与小庙变 10kV 北分路 05 线 45 号杆塔，通过采用故障时刻采集到的行波到达两个最近采集设备的时间差进行故障点的精确定位。选取故障时刻行波到小庙变 10kV 北分路 05 线 45 号杆塔的时刻为 T_1，第一次到达小庙变 10kV 北分路 05 线 2 号杆塔的时刻为 T_2，L 为小庙变 10kV 北分路 05 线 45 号杆塔与小庙变 10kV 北分路 05 线 2 号杆塔之间的距离。v 为行波波速，近似于光速 290m/μs，通过计算得出故障点距离小庙变 10kV 北分路 05 线 2 号杆塔大号侧方向 906m，小庙变 10kV 北分路 05 线 25 号杆塔及支线附近。故障点到小庙变 10kV 北分路 05 线 2 号杆塔距离，根据 $L_1=[L+v(T_1-T_2)]/2$，计算出 $L_1=906\text{m}$，大约在小庙变 10kV 北分路 05 线 25 号杆塔及支线附近。

5. 巡线结果

线路巡视发现富苑小区台区避雷器击穿，如图 6-65 所示。

图 6-65　台区避雷器击穿

（二）典型隐患放电故障案例

1. 预警结论

隐患预警：2023-04-13 11:41:53.519ms 在 10kV 苏湾 114 线大二家支线上监测到 B 相异常放电预警；

故障区间：大二家支线 3 号杆塔与光明分支线 18 号杆塔之间；

精确定位：距离大二家支线 3 号杆塔大号侧方向 745m，大二家支线 16 号杆塔及其支线附近（档距以每级杆塔 50m 估算）。

苏湾 114 线线路拓扑图如图 6-66（见文后插页）所示。

2. 判断依据

2023-04-13 11:41:53.519ms，线路监测到异常放电波形，如图 6-67 所示，该类波形幅值约 80mA，主波中心频率约 200kHz，判定为典型放电波形。

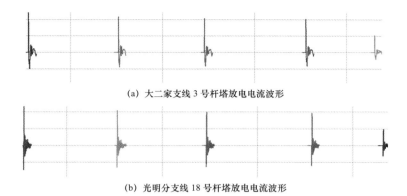

(a) 大二家支线 3 号杆塔放电电流波形

(b) 光明分支线 18 号杆塔放电电流波形

图 6-67　异常放电波形

3. 区间定位判断

根据行波极性判断故障区间：大二家支线 3 号杆塔和光明分支线 18 号杆塔设备行波极性相反，如图 6-68 所示，判断隐患点在大二家支线 3 号杆塔与光明分支线 18 号杆塔之间。

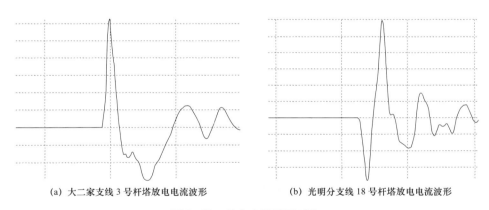

(a) 大二家支线 3 号杆塔放电电流波形　　　　(b) 光明分支线 18 号杆塔放电电流波形

图 6-68　放电电流波形对比

4. 行波定位结果判断

选择距离故障点最近的两套设备为大二家支线 3 号杆塔和光明分支线 18 号杆塔，通过采用故障时刻采集到的行波到达两个最近采集设备的时间差进行故障点的精确定位。选取故障时刻行波到大二家支线 3 号杆塔的时刻为 T_1，第一次到达光明分支线 18 号杆塔的时刻为 T_2，L 为大二家支线 3 号杆塔与光明分支线 18 号杆塔之间的距离。v 为行波波速，近似于光速 290m/μs，根据 $L_1 = [L + (T_1 - T_2)v]/2$，计算得出故障点在距离大二家支线 3 号杆塔大号侧方向 745m，大二家支线 16 号杆塔及其支线附近（档距以每级杆塔 50m 估算）。

行波到达两个最近采集设备的时间差如图 6-69 所示。

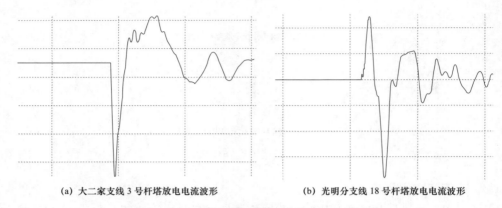

(a) 大二家支线 3 号杆塔放电电流波形　　　　　(b) 光明分支线 18 号杆塔放电电流波形

图 6-69　行波到达两个最近采集设备的时间差

5. 巡线结果

线路巡视发现大二家支线 #016 杆 T 接的交警大队专变避雷器线夹断裂接地，如图 6-70 所示。

图 6-70　大二家支线 #016 杆 T 接的交警大队专变避雷器线夹断裂接地

三、效益分析

（1）大幅减少停电时间。故障排查从"区段盲巡"到"精确到杆"，极大地提升了配网故障巡查效率，减轻了故障巡检的人力、物力成本，减少了停电时间带来的负荷损失和故障查找增加的人力、物力成本。

（2）实现放电隐患监测。通过对线路放电行波的监测和预警，实现了线路绝缘故障从故障后的被动抢修，到故障前的主动预警，降低线路故障率，提升供电可靠性。

附录 通信术语

1. RS-485

RS-485 是一种由电信行业协会和电子工业联盟定义的数字多点系统驱动器和接收器电气特性的标准，使用该标准的数字通信网络能在远距离条件下以及电子噪声大的环境下有效传输信号。RS-485 有两线制和四线制两种接线，四线制只能实现点对点的通信方式，现很少采用，多采用的是两线制接线方式，这种接线方式为总线式拓扑结构，在同一总线上最多可以挂接 32 个节点。

2. 电力线载波通信

是利用已有的低压配电网作为传输媒介，实现数据传递和信息交换的一种手段。应用电力线通信方式发送数据时，发送器先将数据调制到一个高频载波上，再经过功率放大后通过耦合电路耦合到电力线上。信号频带峰峰值电压一般不超过 10V，因此不会对电力线路造成不良影响。

3. 5.8G LTE-U 技术

5.8GHz 频段是一个比 2.4GHz 频率更高的开放频段，最近几年开始进入产品研发领域，它遵从于 802.11a、FCC Part 15、ETSI EN 301 489、ETSI EN 301 893、EN 50385、EN 60950 等国际标准，主要采用正交频分复用技术（OFDM）和点对多点、点对点的组网方式，单扇区的速率高达 54Mbps。5.8GHz 系统一般采用直接序列扩频技术，它的信道较多、频率较高、抗干扰能力较强，是有望代替 2.4GHz 无线技术的技术之一。

4. 国网小无线

国网小无线是指符合《电力用户用电信息采集系统通信协议 第 4 部分：基于微功率无线通信的数据传输协议》（Q/GDW 11016—2013）协议标准规定，发送功率及频段满足《微功率短距离无线电发射设备目录和技术要求》（中华人民共和国工业和信息化部公告 2019 年第 52 号）要求的短距离无线通信技术。

5. 低功耗长距离无线通信（LoRa）

LoRa 是 LPWAN 通信技术中的一种，是一种基于扩频技术的超远距离无线传输方案。它最大特点就是在同样的功耗条件下比其他无线方式传播的距离更远，实现了低功耗和远距离的统一，它在同样的功耗下比传统的无线射频通信距离扩大 3 ~ 5 倍。目前，LoRa 主要在 433、868、915 MHz 等频段运行。

6. Wi-SUN

Wireless Smart Utility Network，中文翻译为智能无线网络，是一系列基于 IEEE 802.15.4 为底层协议的标准无线通信网络的统称，主要包括 Wi-SUN FAN（Wireless Utility Field Area Network，组网方式为网状 MESH）和 Wi-SUN HAN（Wireless Home Area Network，组网方式为星型）。

7. 电力线载波与无线双模通信

电力线载波与无线双模通信技术是指通信网络中所有设备均同时具备电力线载波、无线通信模块，按需使用两种通信技术中的一种，或者同时使用两种通信技术。现有双模通信产品中的电力线载波通信技术通常选用低压高速电力线载波通信技术，无线通信技术通常选用国网小无线、Zigbee 或 LoRa。

8. 5G 核心网相关

UPF 属于 5G 核心网元之一，用于用户平面数据管理，通过下沉 UPF 可以实现业务数据下沉至企业内部，实现数据安全。SMF 属于 5G 核心网元之一，具有会话管理功能，负责隧道维护、IP 地址分配和管理、UP 功能选择、策略实施和 QoS 中的控制、计费数据采集、漫游等。MEC 指移动边缘计算，在靠近终端侧提供用户所需的服务和云端计算功能的网络架构。用于加速网络中的各项应用，让用户享有不间断的高质量网络体验，具备超低时延、超高宽带、强大运算处理能力等特性。

9. 5G 网络切片相关

无线侧切片方案主要包括 QoS 优先级调度、RB 资源预留切片、独立频段和独立基站四种，现阶段最可行的是前两种。QoS 切片通常只提供相对优先保障，用户仅能看到服务等级协议（SLA）的结果，实时过程不可见；RB 资源切片则提供有绝对资源规划的精准保障，将 5G 的空口频谱资源从时域、频域、空域等多个维度划分为不同的资源块，不同用户的数据承载（DRB）映射到不同的资源块上，业务间彼此正交，互不影响，接近物理隔离的强度，且实时资源占用情况对用户可见。承载网切片方案包括软切片和硬切片两种。软切片是指基于统计复用的切片技术，主要针对二层以上传输端口带宽资源进行逻辑隔离，如 VPN 技术等。硬切片是基于物理管道的刚性切片技术，主要针对物理底层（光层）管道资源，以 FlexE 技术为例，通过在 MAC 和物理层（PHY）之间加入 FlexEShim 层，实现 MAC 与 PHY 层的分离，从而提升以太网组网的灵活性。同时，FlexEShim 层基于时分复用机制，将以太端口在时域上划分为多个独立子信道，每个子信道具有独立的时隙和 MAC，提供以太层端到端的物理隔离。核心网切片方案主要采用基于虚拟化技术的用户面和控制面分离部署方式。5G 核心网利用 NFV（网络功能虚拟化）技术，支撑网络切片的灵活构建。通过将网络功能抽象为网络服务以及定义各服务间统一接口的方式，实现控制 / 用户平面分离（CUPS），使得业务承载架构更加扁平化。例如，为了便于终端用户的统一管理，终端接入控制（AMF）、业务鉴权（AUSF）及数据存储管理（UDM）等服务将采用集中方式部署，而直接面向终端侧提供业务服务的核心网功能（UPF），则会根据不同业务场景相应的时延要求，结合边缘计算技术（MEC）下沉至更靠近用户的网络边缘层级进行分布式部署。从而最大限度减小数据在传输过程中的损耗，缩短业务在切片网络中的端到端时延，释放网络核心层传输资源的消耗，并提升网络效率。